全国高级技工学校电气自动化设备安装与维修专业教材

直流调速技术

人力资源和社会保障部教材办公室组织编写

中国劳动社会保障出版社

容简介

本书为全国高级技工学校电气自动化设备安装与维修专业教材。主要内容包括直流调速系统概述、开环直流调速系统、单闭环直流调速系统和双闭环直流调速系统等，每章后还附有各类直流调速系统的接线、调试及故障排除实训。

本书由李国伟主编，孙吉辉、王现富审稿。

图书在版编目(CIP)数据

直流调速技术/人力资源和社会保障部教材办公室组织编写. —北京：中国劳动社会保障出版社，2012

全国高级技工学校电气自动化设备安装与维修专业教材

ISBN 978-7-5045-9772-4

Ⅰ.①直…　Ⅱ.①人…　Ⅲ.①直流调速-技工学校-教材　Ⅳ.①TM921.5

中国版本图书馆 CIP 数据核字(2012)第 164855 号

中国劳动社会保障出版社出版发行

（北京市惠新东街1号　邮政编码：100029）

出 版 人：张梦欣

*

北京市科星印刷有限责任公司印刷装订　　新华书店经销

787毫米×1092毫米　16开本　10.25印张　236千字

2012年8月第1版　　2025年2月第14次印刷

定价：19.00元

营销中心电话：400-606-6496

出版社网址：http://www.class.com.cn

http://jg.class.com.cn

前　言

为了更好地适应高级技工学校电气自动化设备安装与维修专业的教学要求，全面提升教学质量，人力资源和社会保障部教材办公室组织有关学校的一线教师和行业、企业专家，在充分调研企业生产和学校教学情况的基础上，吸收和借鉴各地高级技工学校教学改革的成功经验，在原有同类教材的基础上，重新组织编写了高级技工学校电气自动化设备安装与维修专业教材。

本次教材编写工作的目标主要体现在以下几个方面：

第一，完善教材体系，定位科学合理。

针对初中生源和高中生源培养高级工的教学要求，调整和完善了教材体系，使之更符合学校教学需求。同时，根据电气自动化设备安装与维修专业高级工从事相关岗位的实际需要，合理确定学生应具备的能力和知识结构，对教材内容的深度、难度做了适当调整，加强了实践性教学内容，以满足技能型人才培养的要求。

第二，反映技术发展，涵盖职业标准。

根据相关工种及专业领域的最新发展，更新教材内容，在教材中充实新知识、新技术、新材料、新工艺等方面的内容，体现教材的先进性。教材编写以国家职业标准为依据，涵盖相关国家职业标准中、高级的知识和技能要求，并在与教材配套的习题册中增加了相关职业技能考试的练习题。

第三，融入先进理念，引导教学改革。

专业课教材根据一体化教学模式需要编写，将工艺知识与实践操作有机融为一体，构建“做中学，学中做”的学习过程；通用专业知识教材根据所授知识的特点，注意设计各类课堂实验和实践活动，将抽象的理论知识形象化、生动化，引导教师不断创新教学方法，实现教学改革。

第四，精心设计形式，激发学习兴趣。

在教材内容的呈现形式上，较多地利用图片、实物照片和表格等形式将知识点生动地展示出来，力求让学生更直观地理解和掌握所学内容。针对不同的知识点，设计了许多贴近实际的互动栏目，在激发学生学习兴趣和自主学习积极性的同时，使教材“易教易学，易懂易用”。

第五，开发辅助产品，提供教学服务。

根据大多数学校的教学实际，部分教材还配有习题册和教学参考书，以便于教师教学和学生练习使用。此外，教材基本都配有方便教师上课使用的电子教案，并可通过中国劳动社会保障出版社网站(http://www.class.com.cn)免费下载，其中部分教案在教学参考书中还以光盘形式附赠。

本次教材编写工作得到了河北、黑龙江、江苏、山东、河南、广东、广西等省、自治区人力资源和社会保障厅及有关学校的大力支持，在此我们表示诚挚的谢意。

人力资源和社会保障部教材办公室

2012 年 6 月

目　录

第一章

直流调速系统概述

1. 了解直流调速的含义及其应用。
2. 掌握直流调速的方法及分类。

直流调速技术是现代自动控制系统中发展较早的技术之一。20 世纪 60 年代发展起来的电力电子技术，使人们可以对电能进行变换和控制，从而产生了各种高效、节能的新型电源和各种交直流调速装置，将电能转化为动能，进而转化为其他形式的能，如图 1—1 所示。电力电子技术为工业生产、交通运输、楼宇、办公、家庭自动化等领域提供高新技术支持，提高了企业生产效率和人们生活质量，使人类社会的生产、生活都发生了巨大的变化。随着电力电子器件和控制技术的飞速发展，自动控制系统也将继续对人们未来的生产、生活产生深远的影响。

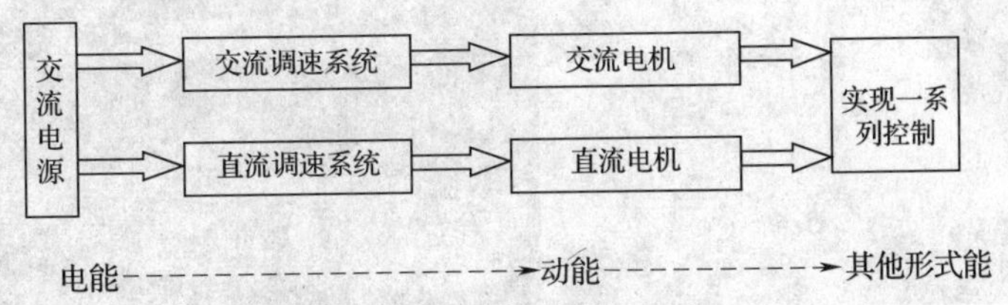

图 1—1　交直流调速系统的功能

现代自动控制系统从生产机械要求控制的物理量来看，分为调速系统、位置随动系统（伺服系统）、张力控制系统、多电动机同步控制系统等多种类型，各种系统往往都是通过控制转速来实现的，因此，调速系统是最基本的现代自动控制系统。

调速系统根据驱动电动机类型的不同，主要分为直流调速系统和交流调速系统两大类。其中，直流调速系统是将工业生产中的三相交流电变为可控可调的直流电，驱动直流电动机的运转，从而实现一系列的控制。交流调速系统是将固定的交流电变为电压和频率可调的交流电，以驱动交流电动机运转，进而实现一系列的控制。

由于直流调速系统的控制对象是直流电动机，其具有良好的启、制动性能，容易控制，适于在大范围内平滑调速，因此在许多需要转速精确控制或快速正反转的电力驱动领域中得到了广泛的应用。例如，军事和宇航方面的雷达大线、火炮瞄准、惯性导航等的控制；工业方面的高精度金属切削机床（龙门刨床、龙门铣床、轧辊磨床、立式车床等）、大型起重设备（矿井卷扬机等）、锻压设备（压力机等）、轧钢机、工业机器人、印刷机械等设备的控制；交通运输方面的城市电车、地铁、电动车等的控制；计算机外围设备和办公设备中的打印机、传真机、复印机、扫描仪等的控制；音像设备和家用电器中的录音机、数码相机、洗衣机、空调等的控制，如图 1—2 所示。

a)

b)

c)

d)

图 1—2　直流调速系统的应用实例

a）龙门刨床　b）轧钢机　c）地铁　d）电车

近年来，由于高性能、高效的交流调速技术发展很快，尤其是交流电动机与直流电动机相比，具有结构简单、价格便宜、制造方便、容易维护等优势，交流调速系统中的变频调速系统已逐步取代直流调速系统。然而，直流调速系统在理论上和实践上都比较成熟，在大转矩、高精度的场合应用仍十分广泛，而且从控制的角度来看，它是交流调速系统的控制理论基础。因此，应该很好地掌握直流调速系统。

一、直流电动机的调速方式

对直流电动机进行启动、制动、调速的系统，称为直流调速系统。由于直流调速系统驱动的是直流电动机，以下将先简单介绍一下直流电动机的基本结构及其转速公式。

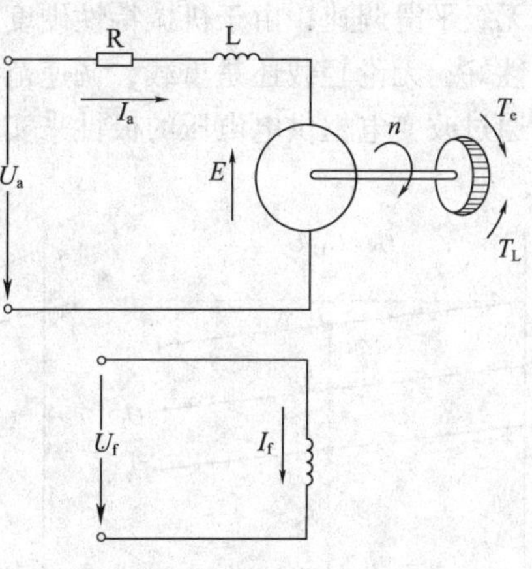

图 1—3　直流电动机电路图

直流电动机根据励磁方式的不同，可分为他励电动机、并励电动机、串励电动机、复励电动机和永磁电动机。以下以他励直流电动机为例，分析直流电动机的工作过程和调速方法。他励直流电动机从工作原理上看，具有两个独立的电路：一个是电枢回路，另一个是励磁回路，其等效电路图如图 1—3 所示。如果在给励磁绕组加直流励磁电压的同时，给电枢绕组通入一定的直流电流，当电动机稳定运行起来时，直流电动机各物理量间的基本关系式如下：

$$\begin{cases} U_a = I_aR + E \Rightarrow \begin{cases} I_a = \dfrac{U_a - E}{R} \\ E = U_a - I_aR \end{cases} \\ E = K_e\Phi n \Rightarrow n = \dfrac{E}{K_e\Phi} = \dfrac{U_a - I_aR}{K_e\Phi} \\ T_e = K_T\Phi I_a \\ T_e = T_L \end{cases} \tag{1—1}$$

式中　n——直流电动机的转速，r/min；

U_a——电枢电压，V；

E——电枢电动势，V；

I_a——电枢电流，A；

R——电枢回路总电阻，Ω；

Φ——励磁磁通，Wb；

T_e——电磁转矩，N·m；

T_L——摩擦和负载阻力矩，N·m；

K_e——电动势常数；

K_T——转矩常数。

从式（1—1）中可以得出，直流电动机的转速和其他量之间的稳态关系为：

$$n = \frac{U_a - I_aR}{K_e\Phi} \tag{1—2}$$

由式（1—2）可以看出，要想改变直流电动机的转速 n，有以下三种调速方法。

1. 调压调速

调压调速即通过调节电枢供电电压 U_a，调节电动机的转速 n。由于电动机的正常工作电压一般不允许超过其额定电压，因此电枢电压只能在额定电压以下进行调节。从图 1—4a 可以看出，电压越低，稳态转速也越低。调压调速的优点是：电源电压能够平稳调节，可以实现无级平滑调速；由于机械特性硬度较高（曲线斜率较小），负载变化时，速度变化小、稳定性好；无论轻载还是重载，调速范围相同；电能损耗小。如想改变电动机旋转的方向，一般通过改变电枢供电电压的极性来实现。

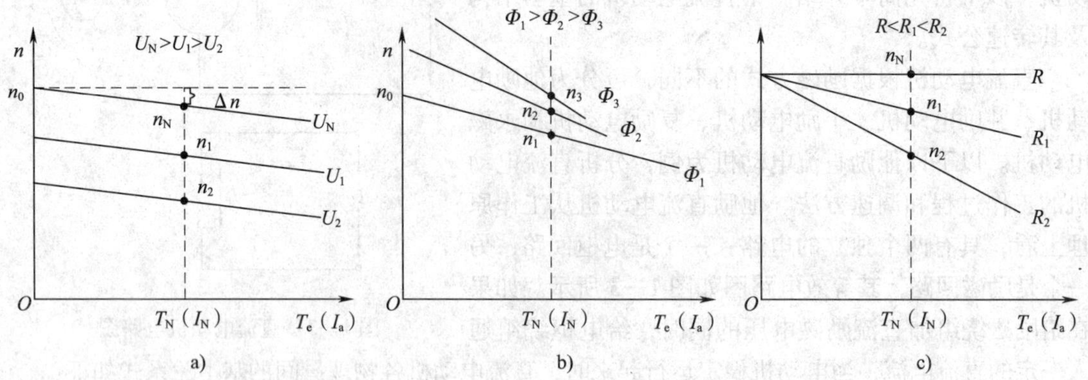

图 1—4 三种调速方式的机械特性曲线

a）调压调速的机械特性曲线 b）弱磁升速的机械特性曲线 c）串电阻调速的机械特性曲线

2. 弱磁升速

弱磁升速即通过减弱励磁磁通 Φ，提高电动机的转速 n。弱磁升速的优点是：在电流较小的励磁回路中进行调节，其控制方便、能量损耗小、设备简单，并且调速平滑性好。这种调速方法的缺点是：机械特性会变软，转速受负载波动影响较大；其最高转速受到电动机换向能力和机械强度的限制，调速范围不是很大。

3. 串电阻调速

串电阻调速即通过改变电枢回路电阻 R，改变电动机的转速 n。串电阻调速的优点是：设备简单，操作方便。其主要缺点是：切换电阻调速属于有级调速，调速平滑性差；机械特性变软，转速稳定性差；轻载时调速范围小；损耗较大，效率较低，经济性差。

对于要求在一定范围内实现无级平滑调速的系统来说，以调压调速方式为最好。串电阻只能实现有级调速；减弱磁通虽然能够实现平滑调速，但调速范围不大，往往只是配合调压方案，在基速（额定转速）以上做小范围的弱磁升速。若需改变直流电动机的转向，可以通过改变电动机电压的极性或改变励磁电压的极性来实现。由于励磁绕组匝数多、电感大、电磁惯性大。为实现电动机高效、快速地反转，也常采用改变电枢电压极性的方法。因此，自动控制的直流调速系统往往以调压调速为主。

直流电动机三种调速方式的实验演示

（1）实验器材

直流电动机、固定和可调直流电源、两个可变电阻器、测功机及转速表。

（2）实验步骤

1）按图 1—5 所示电路图将电路连接好。

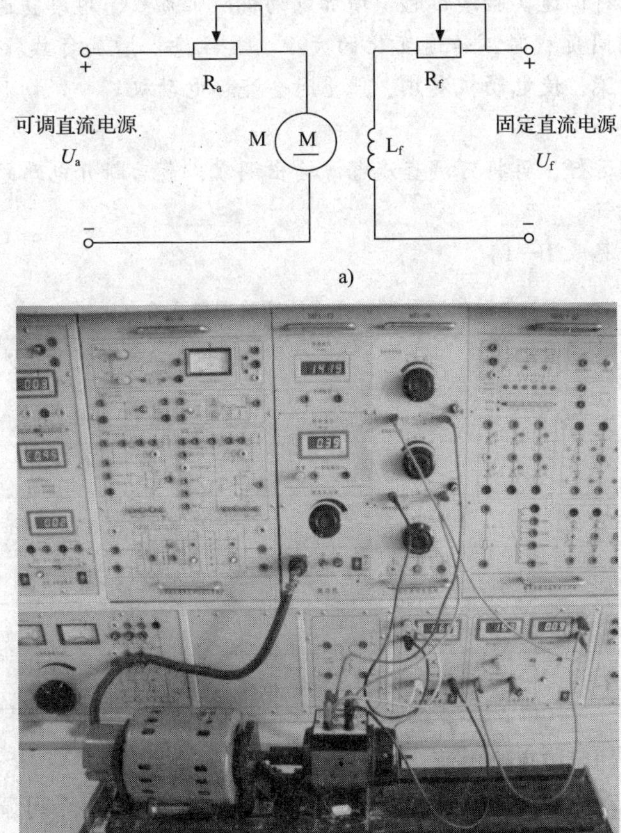

图 1—5　直流电动机三种调速方式演示

a）直流电动机三种调速方式电路图　b）演示电路接线

2）通电前检查

①将电枢回路断开，通电后，用万用表检查直流电动机是否有励磁电压，如有励磁电压，断电后恢复接线。

②使直流电动机空载，将各可变电阻器调零，对可调直流电源输出进行调零。

3）通电实验

①调压调速实验演示：调节可调直流电源输出电压，改变直流电动机电枢电压，调节电动机的转速，观察转速的变化。操作时要注意：调节可调直流电源输出电压时，不要超过直流电动机的额定电压。

②弱磁升速实验演示：增大励磁回路串联的电阻，减小励磁电流，减弱励磁磁通，提高电动机的转速。操作时要注意：增大励磁回路串联电阻时，阻值不能过大，否则励磁过小，容易出现转速过高的飞车事故。

③串电阻调速实验演示：调节电枢回路的串联电阻，改变电动机的转速，观察转速的变化。

④在进行以上三种调速实验演示时，增加电动机所带负载，观察转速的变化。比较三种调速方式下的增加相同负载时，转速变化的大小。要注意：增加负载操作时，负载不易过大，否则会出现过电流，使电动机发热，严重时会烧坏电动机。

4）断电操作

先使电动机空载运行，再将可调直流电源输出调零，最后断开电路总电源。

（3）实验演示结论

实验演示结论（见表 1—1）。

表 1—1　　直流电动机三种调速方式的实验现象及特点比较

调速方式	调压调速	弱磁升速	串电阻调速
实验操作	U_a↑	R_f↑	R_a↑
实验现象	n↑	n↑	n↓
增加相同负载时转速的变化	转速下降较小	转速下降较大	转速下降较大
调速平滑性	无级平滑调速	无级平滑调速	无级或有级调速
机械特性	较硬	变软	变软
调速范围	调速范围大	调速范围小	轻载调速范围小

二、调压调速用的可控直流电源

要想实现直流电动机的调压调速，就必须给直流电动机提供一个可调的直流电压，这可以通过使用专门的可控直流电源来实现。常用的可控直流电源有旋转变流机组（G－M 系统）、静止式可控整流器（V－M 系统）、直流斩波器（脉宽调制变换器）三种类型，如图 1—6 所示。

a)

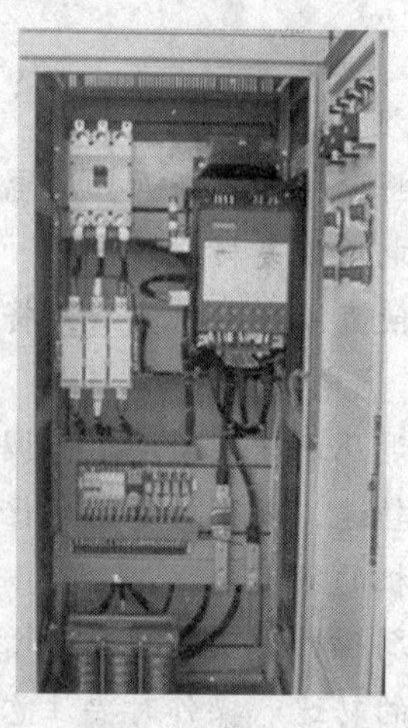

b)

c)

图 1—6　三种调压调速用的可控直流电源

a）旋转变流机组　b）由 V－M 系统构成的直流调速柜　c）应用直流斩波器的地铁和电动车

1. 旋转变流机组（G－M 系统）

旋转变流机组是指由交流电动机拖动直流发电机实现变流，由直流发电机给需要调速的直流电动机供电，调节直流发电机的励磁电流并改变其输出电压，从而调节直流电动机的转速。由旋转变流机组供电的直流调速系统在 20 世纪 60 年代以前曾被广泛使用，该系统的主要优点是容易实现电动机的正反转；在停车或改变转向时，可以实现回馈制动。但该系统至少需要两台与调速直流电动机容量相当的发电机组，因此系统的设备多、体积大、费用高、损耗大、效率低，安装需打地基，运行有噪声，维护不方便。现在G－M系统基本已被静止变流机组所取代，只在发电机组及旋转式变流机中还有所应用。

2. 静止式可控整流器

为了克服旋转变流机组的缺点，在 20 世纪 60 年代以后，人们开始采用各种静止式的变压或变流装置来替代旋转变流机组。静止式可控整流器的发展分为两个阶段：

第一阶段：采用闸流管或汞弧整流器的离子驱动变流装置。它虽然克服了旋转变流机组的许多缺点，而且还大大缩短了转速调节时的响应时间，但闸流管容量小，汞弧整流器造价较高，不易维护，一旦汞（水银）泄漏，将会污染环境，危害人身健康，因此这种系统并没有被人们广泛应用。

第二阶段：随着晶闸管（SCR）的问世，在 20 世纪 60 年代就已生产出成套的晶闸管整流装置，逐步取代了旋转变流机组和离子驱动变流装置，使直流调速技术发生了根本性的变革。用晶闸管整流装置给直流电动机提供可调的直流电压，从而调节直流电动机的转速，这种调速方式称为晶闸管－电动机调速系统（简称 V－M 系统），图 1—6b 所示为一由 V－M 系统构成的大容量直流调速柜。

V－M 系统和旋转变流机组及离子驱动变流装置相比，晶闸管整流装置不仅在经济性和可靠性上有了很大的提高，而且在技术性能上也有较大的优势。晶闸管整流器的门极触发电流可以直接用较小功率的触发电路控制，比旋转变流机组控制电路的功率小很多。在控制的响应时间上，变流机组的是秒级，而晶闸管整流器的是毫秒级，这样就提高了系统转速调节的快速性，使系统具有更好的动态性能。V－M 系统的主要优点是调速范围宽、工作可靠、效率高、经济性好。

V－M 系统的主要缺点体现在以下三个方面：

（1）晶闸管具有单向导电性，如要实现电动机的正、反转运行，需要两套晶闸管变流装置，主电路元器件多、结构较为复杂。

（2）晶闸管对过电压、过电流和过高的 du/dt、di/dt 都十分敏感。需要在装置交、直流侧及器件上增加保护电路，同时要满足一定的散热条件，在选择器件时需留有适当的裕量。

（3）系统工作时，会产生较大的谐波电流，引起电网电压波形畸变，影响附近的用电设备，形成“电力公害”，因此还需增加滤波装置。

V－M 系统发展至今技术已经比较成熟，是工业生产中应用最为广泛的直流调速系统，也是本书主要介绍的内容。

3. 直流斩波器（脉宽调制变换器）

在干线铁道电力机车、工矿电力机车、城市有轨和无轨电车、地铁电机车、电动自行车、新能源电动汽车等电力牵引设备上，常采用恒定直流电源（蓄电池或不可控整流电源）供电，驱动直流串励或复励电动机运行。目前利用现代电力电子器件（如 GTR、GTO、MOSFET、IGBT 等）的通断控制，将固定直流电压变为可调的平均直流电压进行直流电动机的调速。这种采用单管控制的电路，称为直流斩波器；若保持周期不变，用微处理器的数字输出控制开关器件的通断时间，称为脉宽调制变换器（PWM）。PWM 直流调速系统具有以下优点：

（1）主电路线路简单，需要的功率器件少。

（2）开关频率高，电流连续并且谐波少，使电动机转矩脉动小、发热少。

（3）低速性能好，稳速性能高，调速范围宽。

（4）转速调节迅速，动态性能好，抗干扰能力强。

（5）器件工作在开关状态，损耗小，装置的效率较高。

（6）与 V－M 系统相比，PWM 系统采用不可控整流电路，其从电网侧看进去的设备功率因数较高。

基于以上优点，同时随着微型计算机控制技术的飞速发展，脉宽调制变换器的性能有了较大的提高，应用也逐步扩大，是直流调速系统的一个重要发展方向。

三、晶闸管－电动机调速系统的类别

在以上三种调压调速用的可控直流电源中，工业上应用最为典型的是晶闸管－电动机调速系统。通过分析晶闸管－电动机调速系统，可以系统地了解自动控制理论的基本思路和调速系统的各项性能指标。

晶闸管－电动机调速系统从控制方法上可以分为：

1. 开环直流调速系统

开环直流调速系统采用转速开环控制，转速的控制精度不高，转速受负载波动、电网电压变化等影响较大，常应用于生产工艺要求低的场合。如果需要调速的生产机械对转速精度有所要求，开环直流调速系统往往不能满足要求。

2. 单闭环直流调速系统

单闭环直流调速系统采用转速闭环控制或电压负反馈，其稳态转速精度较高，转速受负载波动影响小，常应用于负载波动较大、转速精度要求较高的场合。

3. 双闭环直流调速系统

双闭环直流调速系统采用转速、电流闭环控制，是直流调速系统中精度最高、动态响应速度最快、应用最为广泛的直流调速系统，其受负载波动、电网电压变化等影响最小。该系统启动时间短，可实现高精度、高动态性能的转速控制，常应用于转速精度高、动态响应好的场合。

三种直流调速系统的性能对比见表1—2。

表1—2　　三种直流调速系统的性能对比表

类型	开环直流调速系统	单闭环直流调速系统	双闭环直流调速系统
控制方式	转速开环控制	转速闭环控制或电压负反馈控制	转速、电流闭环控制
转速精度	低	较高	最高
动态响应速度	慢	快	最快
应用场合	生产工艺要求较低的场合	负载波动较大、转速精度要求较高的场合	转速精度高、响应速度快的场合

如果根据直流电动机能否实现正反转控制分类，晶闸管－电动机控制系统又可分为：

1. 不可逆直流调速系统。该系统只能实现直流电动机的正转或反转，应用于不要求正反转的场合。

2. 可逆直流调速系统。该系统采用两组晶闸管装置，实现直流电动机的正、反转，能快速启动、制动，实现四象限运行，简称SCR－D系统。常应用于动态性能要求高，并且需要快速加减速的可逆运行的场合。如初轧机、起重提升设备、电梯、龙门刨床等。

本书主要介绍开环直流调速系统、单闭环直流调速系统和双闭环直流调速系统，并会简单介绍数字式直流调速器等相关内容。

本章小结

本章主要介绍了直流调速系统的含义及应用，直流电动机的三种调速方式，调压调速用的三种可控直流电源，晶闸管－电动机调速系统的分类等，具体内容有：

1. 直流调速系统具有良好的启、制动性能，容易控制，适于在大范围内平滑调速，在许多需要转速精确控制或快速正反转的电力驱动领域中得到了广泛的应用。

2. 直流电动机有三种调速方式：调压调速、弱磁升速、串电阻调速。其中调压调速为常用调速方式，有时配合使用弱磁升速方式在额定转速以上作小范围的调速。

3. 调压调速用的可控直流电源主要有三种类型：旋转变流机组（G－M系统），静止式可控整流器（V－M系统），直流斩波器（脉宽调制变换器）。本书主要介绍静止式可控整流器中的晶闸管－电动机调速系统（简称V－M系统）。

4. 晶闸管－电动机控制系统按控制方法不同可分为开环直流调速系统、单闭环直流调速系统、双闭环直流调速系统，按直流电动机能否实现正、反转控制，可分为可逆直流调速系统和不可逆直流调速系统。

5. 通过实验演示方法，掌握三种直流电动机的调速方式以及三种调速方式的特点。

第二章

开环直流调速系统

直流调速系统的控制对象是直流电动机，控制目的是对直流电动机进行启、停操作，并在一定范围内调节直流电动机的转速。开环直流调速系统是相对于闭环直流调速系统而言的，要理解开环直流调速系统，首先应该知道开环控制系统和闭环控制系统的含义。

如图 2—1 所示，人闭眼去拿杯子相当于开环控制系统，睁眼拿杯子相当于闭环控制系统。人闭眼去拿杯子的控制过程，是指通过大脑（控制装置）指挥手（执行元件）去拿杯子（控制对象），最终是否能够达到预期的目标，结果不一定；而人睁眼去拿杯子的控制过程，是通过大脑（控制器）指挥手（执行元件）去执行拿杯子（控制对象）的动作的同时，通过眼睛（检测部件）将手与杯子的距离反馈给大脑并与预期目标进行比较，最终达到预期目标，使手拿到杯子。由此可见，开环和闭环的主要区别就在于闭环比开环多了检测反馈环节，而开环无反馈环节。

a)

b)

图 2—1　开环和闭环示意图

a）闭眼去拿杯子（开环）　b）睁眼去拿杯子（闭环）

§2—1　开环直流调速系统的结构及原理

1. 掌握开环直流调速系统各组成部分的结构及原理。
2. 掌握开环直流调速系统的工作原理及系统的自动调节原理。
3. 了解开环直流调速系统的机械特性。

开环控制系统是指系统的控制输入不受输出影响的系统。在开环控制系统中，不存在由输出端到输入端的反馈通路。因此，开环控制系统又称为无反馈控制系统。开环直流调速系统是开环控制系统的典型应用，是控制直流电动机转速的开环控制系统，其结构简单、容易实现、成本较低，在日常生活中应用比较广泛，如图 2—2 所示的自动洗衣机、民用电梯等采用的都是开环直流调速系统。此外，在某些工艺要求较低的工业生产中，开环直流调速系统也有所应用，如不考虑外界影响的自动生产流水线、精度要求不高的注塑机、经济型数控机床、线切割机床等。

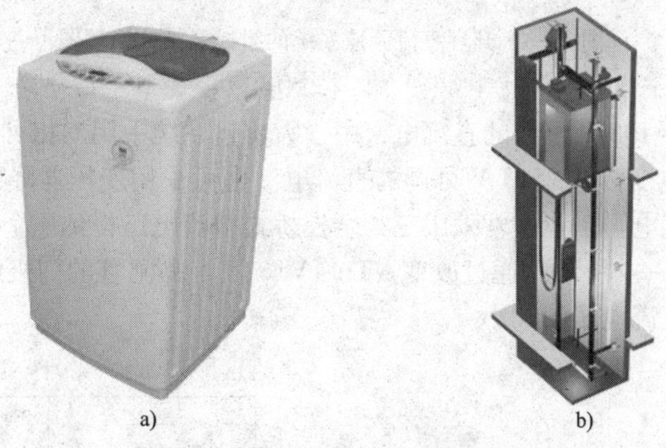

图 2—2　开环直流调速系统的应用

a）自动洗衣机　b）民用电梯

一、开环直流调速系统的组成及原理

1. 系统的组成

开环直流调速系统主要由主电路和控制电路两部分组成。主电路由晶闸管可控整流电路、直流电动机等组成；控制电路由给定电位器、晶闸管触发电路、继电保护电路组成，如图 2—3a 所示。由晶闸管可控整流器向直流电动机供电的开环直流调速系统结构原理图如图 2—3b 所示。

（1）晶闸管可控整流电路 VT

晶闸管可控整流电路 VT 是由半控型器件晶闸管构成的可控整流电路，它将输入的固定交流电变为大小可控可调的直流电。一般小容量系统中用单相可控整流电路，将单相 220 V、

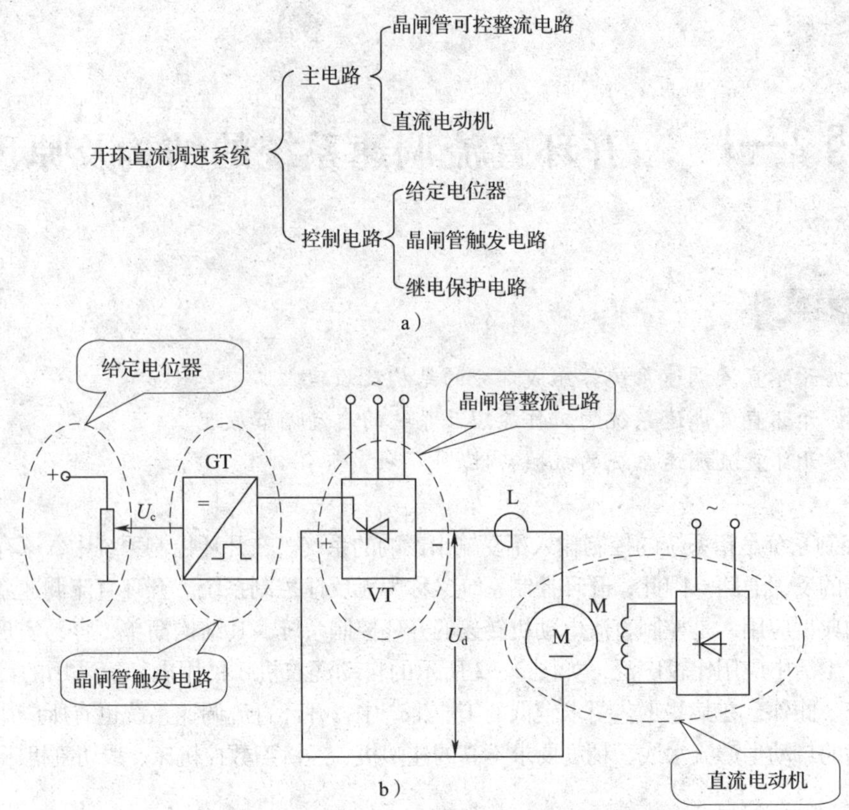

图 2—3 开环直流调速系统的组成及结构原理图

a）开环调速系统的组成 b）开环直流调速系统的结构原理图

50 Hz 交流电变成 0 ~ 198 V 可调的直流电；中、大容量系统中用三相可控整流电路，将三相 380 V、50 Hz 交流电变成 0 ~ 513 V 可调的直流电。也可采用变压器降压后，通过整流电路得到所需的可调直流电。工业中常采用三相全控桥式整流电路得到一个可调的直流电压，其具体电路结构如图 2—4 所示。通过改变 VT1 ~ VT6 六个晶闸管的门极触发脉冲的相位，就可以调节整流输出直流电压的大小。

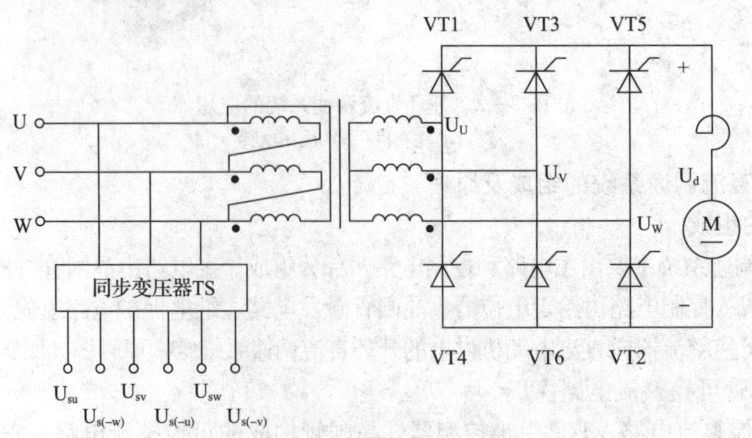

图 2—4 三相全控桥式整流电路

（2）直流电动机 M

图 2—5 中电动机为他励直流电动机，其电枢绕组由晶闸管可控整流电路提供可调直流电压，励磁绕组通过固定直流电压提供励磁电压。

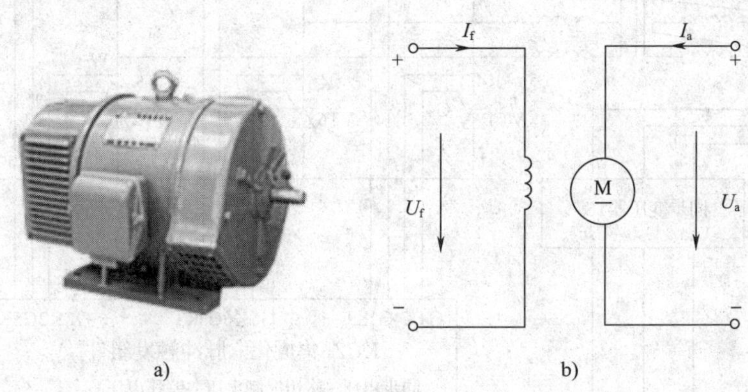

图 2—5　直流电动机

a）直流电动机的实物图　b）直流电动机的绕组

（3）晶闸管触发电路 GT

晶闸管触发电路就是通过改变触发装置控制电压 U_c 的大小来改变触发脉冲的相位，调节控制角 α，实现对整流器输出电压 U_d 的调节。晶闸管触发电路主要形式有单结晶体管触发电路、正弦波触发电路、锯齿波触发电路、集成触发器等。通常采用锯齿波触发电路给三相全控桥六个晶闸管提供六个相位依次相差 60°的双窄脉冲（两个窄脉冲的相位互差 60°，每个窄脉冲的脉宽在 18°左右），在触发某一晶闸管的同时，再给前一晶闸管补发一个脉冲，作用与宽脉冲一样。在工业上，常采用三块 KC04 晶闸管移相触发器、一块 KC41C 六路双脉冲形成器和一块 KC42 脉冲列调制形成器等集成芯片构成集成触发器 KCZ6 集成化六脉冲触发组件，目前应用最为广泛。晶闸管触发电路是由主电路的三相供电电源经同步变压器 TS 进行降压供电，触发电路的输出脉冲接到六个晶闸管的门极与阴极之间，如图 2—6 所示。

（4）给定电位器

给定电位器是给晶闸管触发电路提供一个 0 ~ ±15 V 的可调直流电压 U_c，从而改变触发电路输出脉冲的相位。通常实验用给定电位器如图 2—7 所示，其电压给定由两个电位器 RP1、RP2 及两个钮子开关 S1、S2 组成。S1 为正、负极性切换开关，输出的正、负电压的大小分别由 RP1、RP2 来调节，其输出电压范围为 0 ~ ±15 V，S2 为输出控制开关，打到“运行”侧，允许电压输出；打到“停止”侧，则输出为零。

（5）继电保护电路

继电保护电路包括过压保护、过流保护及通电顺序保护等部分，其主要作用是当电路中出现过高电压或过大电流时，通过电压互感器（阻容吸收电路）及过流继电器（快速熔断器）起到保护主电路中晶闸管等器件的作用。

构成可控整流电路的核心器件是晶闸管，其容量较大，能够承受较高的电压和流过较大的电流。但在工作过程中，可能出现短时的过压或过流，严重时会损坏器件，所以应在整流

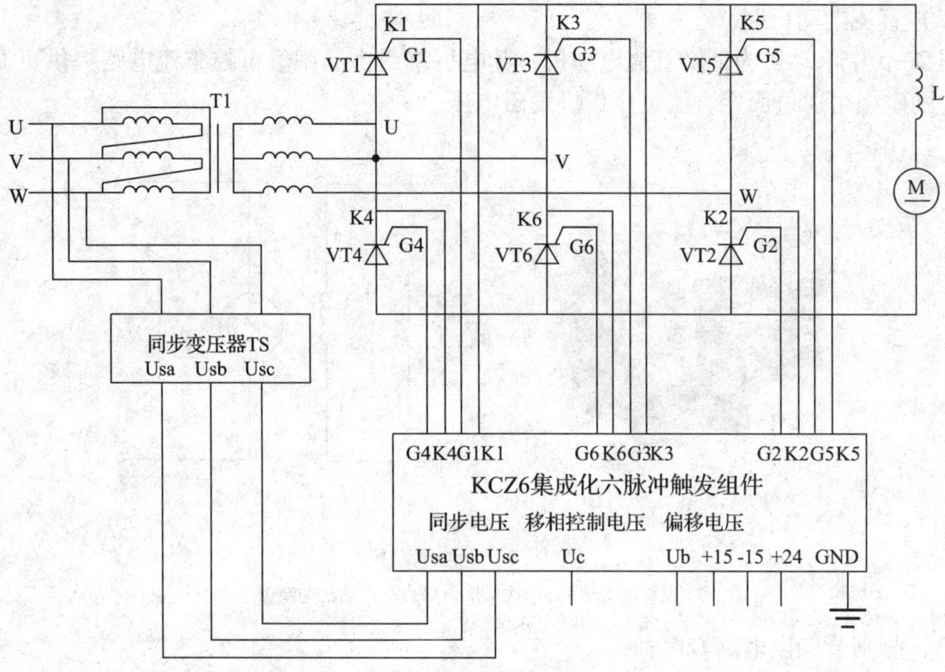

图 2—6 晶闸管触发电路

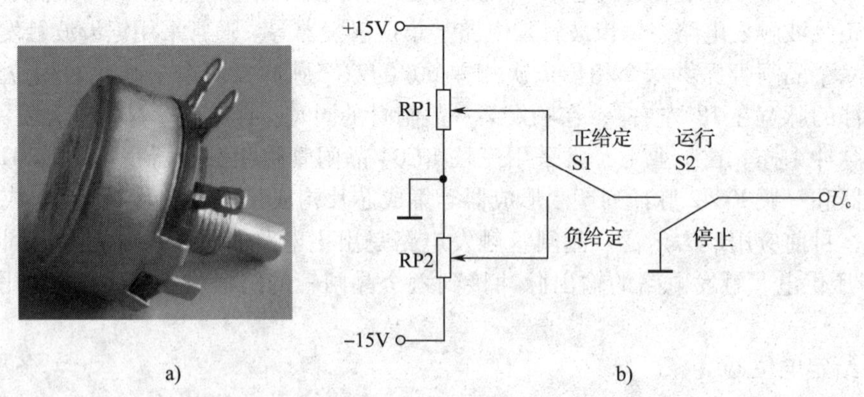

图 2—7 给定电位器

a）电位器实物图 b）给定电位器实验用电路图

电路中加适当的保护电路。例如，在每个晶闸管桥臂电源侧加上熔断器，防止过流烧坏晶闸管；或在每个晶闸管两端并联阻容吸收电路，对晶闸管起到过压保护作用，如图 2—8 所示。

同时，限定系统正确的通电顺序为先给控制电路通电，再给主电路通电；断电顺序为先给主电路断电，再给控制电路断电，防止通、断电顺序的误操作。

2. 基本工作原理

图 2—3b 所示是晶闸管开环直流调速系统最简单的结构原理图。其中，给定电位器提供一个可调的直流电压 U_c 作为系统的给定输入信号，经过触发电路控制晶闸管整流电路，将外界交流电源整流出可调的直流电压 U_d 供给直流电动机，使电动机以一定的速度旋转。其

基本工作原理是：通过调节可调电位器的阻值，改变控制电压U_c就可改变触发电路脉冲的相位来改变控制角α，从而改变整流电路的输出电压U_d（即电动机的电枢电压），电动机的转速相应改变，以达到调速的目的。由电力电子变流技术知识可知，当U_c从零开始增大时，控制角α从90°开始减小，使得整流输出电压U_d从零增大。直流电动机调压调速时，当直流电动机的电枢电压从零增大时，直流电动机的转速n从零升高，从而实现电动机的速度调节。

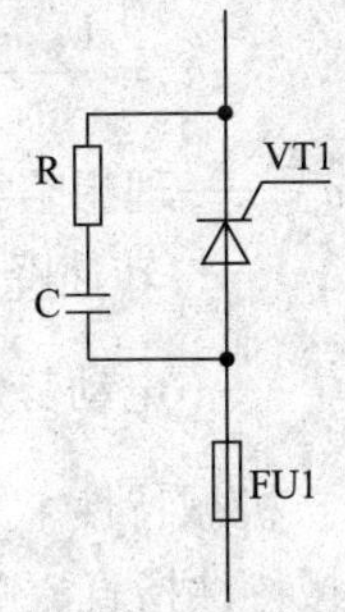

图 2—8　整流电路中晶闸管的保护电路

在开环直流调速系统中，当给定输入信号U_c一定时，电动机就以恒定的转速旋转。当外界有扰动（如负载发生变化）时，转速就会产生较大的波动，使其偏离目标值，开环调速系统就不能自动进行补偿和调节。当电动机负载转矩T_L发生变化时，电动机的转速n也发生变化，其直流电动机内部自动调节的具体过程如图 2—9 所示：

$$T_L\uparrow \xrightarrow{T_e<T_L} n\downarrow \xrightarrow{E=K_e\Phi n} E\downarrow \xrightarrow{I_a=\frac{U_d-E}{R}} I_a\uparrow \xrightarrow{T_e=K_T\Phi I_a} T_e\uparrow$$

直到$T_e=T_L$，此过程才结束

图 2—9　负载变化时直流电动机内部自动调节过程

直流电动机稳速运行时，当负载转矩T_L增大时，直流电动机的电磁转矩T_e小于负载转矩T_L，直流电动机转速n下降，使得电枢电动势E减小，如整流直流电压U_d不变，电枢电流I_a将增大，使得电动机输出电磁转矩T_e增大，最终使得电磁转矩T_e与负载转矩T_L相等，从而达到一个新的平衡。此时，直流电动机的转速已经降低。

当负载转矩减小时，电动机内部的自动调节过程又是怎样的？

由于开环直流调速系统无法自动调节负载变化等引起的对电动机转速的影响，因此只用于转速精度要求不高的场合。

二、开环机械特性

开环直流调速系统运行时，系统的开环机械特性（电动机转速和电动机电磁转矩式电枢电流的关系）是系统重要的特性之一。给直流电动机供电的是整流电路，整流电路输出的是一个脉动的直流电压。由于电动机是一个感性负载，使得流经电动机上的电流脉动减小，变得平滑，电流连续。但当电动机的电流较小时，由于电流的脉动，可能会出现电流为零的情况，即电流断续。所以，从以下两个方面去分析系统的开环机械特性。

1. 电动机电流连续时的情况

（1）当电流连续时，开环直流调速系统的转速为：

$$n = \frac{U_d - I_d R}{K_e \Phi} = \frac{U_d}{K_e \Phi} - \frac{I_d R}{K_e \Phi} = \frac{U_d}{C_e} - \frac{I_d R}{C_e} = \frac{U_d}{C_e} - \frac{T_e R}{C_e K_T \Phi} = n_0 - \Delta n \qquad (2—1)$$

式中 n_0——理想空载转速；

Δn——转速降落；

C_e——电动势放大系数，$C_e = K_e \Phi = \frac{E}{n}$。

（2）机械特性

机械特性指直流电动机供电电压（电枢供电电压 U_d 和励磁电压 U_f）不变时，转速 n 和电磁转矩 T_e之间的关系。改变控制角 α，电动机的供电电压 U_d随之发生变化，机械特性曲线平行移动，得到一簇平行的直线，如图 2—10 所示。图中电流较小的部分画成虚线，表明这时电流波形可能断续。

1）机械特性与纵轴交点为理想空载转速 $n_0 = \frac{U_d}{K_e \Phi} = \frac{U_d}{C_e}$，电枢供电电压越大，理想空载转速越高。

2）机械特性硬度和 Δn 有关，Δn 越小，系统的机械特性越硬，特性曲线斜率越小。当电动机所带负载发生变化时，机械特性较硬的电动机转速波动相对较小，因此系统的性能越好。

2. 电动机电流断续时的情况

电流断续一般是由电流脉动造成的，脉动的电流会增加电动机的发热，产生脉动的转矩。当电流断续时，开环直流调速系统的转速公式就复杂得多，其机械特性如图 2—11 所示，其中包含了电流连续区和断续区。从图中可以看出，当电流连续时，特性曲线斜率较小，机械特性比较硬；当电流断续时，机械特性很软，特性曲线斜率较大，并且具有显著的非线性，理想空载转速很高。

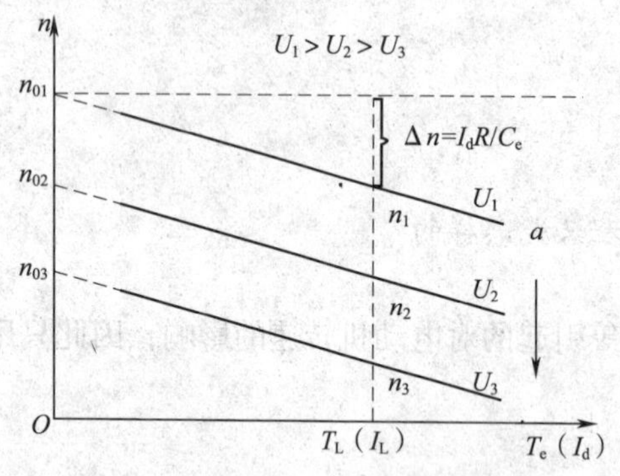

图 2—10　电流连续时 V－M 系统的机械特性

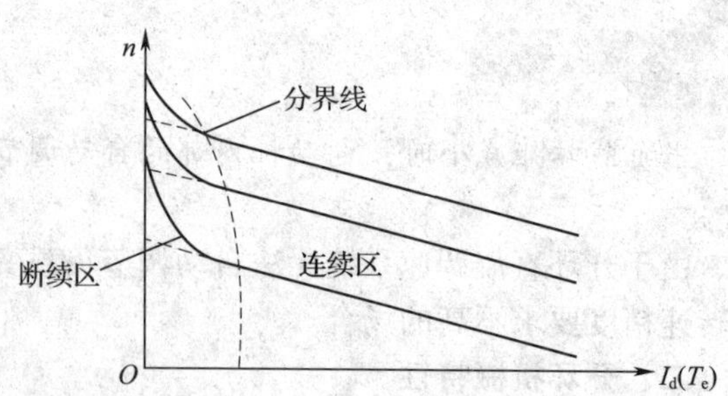

图 2—11　电流断续时 V－M 系统的机械特性

为了避免或减轻这种情况，一般采取抑制电流脉动的方法有两种：一是增加整流电路的相数（采用多重化技术），二是设置平波电抗器。通常情况，在直流供电回路中，一般采用串接电抗器的方法以减少电流的脉动，使电枢电流连续，直流电动机输出转矩恒定，在空载和轻载时也能保持转速平稳。

§2—2　开环直流调速系统的稳态性能分析

1. 了解对自动控制系统的性能要求。
2. 掌握调速系统的主要性能指标。
3. 了解开环调速系统调速时存在的问题。

一、对自动控制系统的性能要求

不同的自动控制系统，其性能差别很大，一般生产机械对自动控制系统的性能要求主要从稳定性、准确性和快速性这三个方面考虑。通常情况，用“稳、准、快”来评价一个系统性能的优劣。

1. 稳定性

稳定性是判别一个自动控制系统能否实际应用的前提条件。

（1）稳定系统

当系统运行中受到扰动作用（或给定值发生变化）时，输出量将会偏离原来的稳定值，这时由于反馈环节的作用，通过系统内部的自动调节，系统回到（或接近）原来的稳定值（或跟随给定值）并最终稳定下来，这种系统就是稳定的系统，如图 2—12a 所示。

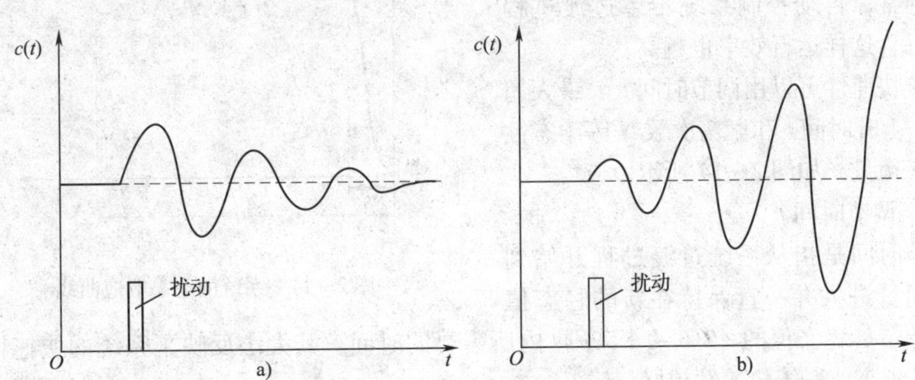

图 2—12　系统的稳定性

a）稳定系统　b）不稳定系统

（2）不稳定系统

当系统运行中受到扰动作用时，由于内部的相互作用，使系统输出量发散而处于不稳定状态，这样的系统就是不稳定系统，如图 2—12b 所示。

（3）分析系统的稳定性时的注意事项

1）系统的稳定性分析只针对闭环系统，所以开环系统一般不存在稳定性的问题。

2）通常用最大超调量 σ 和振荡次数 N 作为反映稳定性的性能指标，一般这两个指标数值越小，系统的稳定性就越好。

2. 准确性

准确性是指当系统重新达到稳定状态后，其输出量保持的精度，反映了系统的准确程度。一般自动控制系统输出量偏差越小，准确度越高。

通常用稳态误差 e_{ss} 来描述系统的稳态精度，如图 2—13 所示。当系统受到扰动作用时，输出量会出现偏差，这种偏差称为稳态误差 e_{ss}。当 $e_{ss}\neq0$ 时，称为有静差系统；当 $e_{ss}=0$ 时，称为无静差系统。

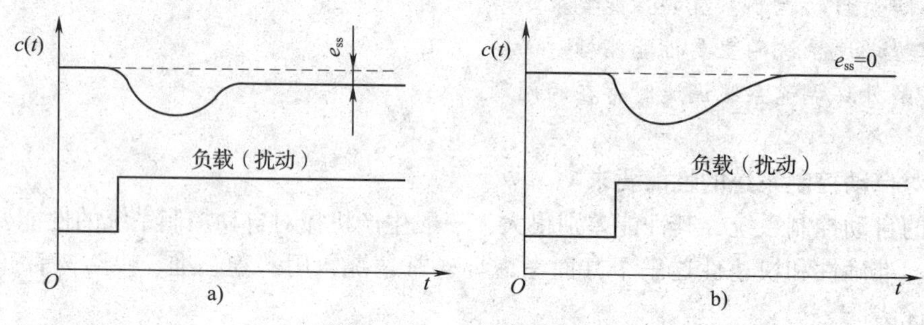

图 2—13　系统的准确性

a）有静差系统　b）无静差系统

3. 快速性

快速性是指系统从一种稳定状态达到新的稳定状态过渡过程时间的长短。过渡过程时间长，说明系统的快速性差、响应迟缓。通常，自动控制系统希望过渡过程越短越好，这样运行效率也越高。

系统快速性可以用调节时间 t_s、最大超调量 σ、上升时间 t_r 和振荡次数 N 等动态性能指标来衡量，如图 2—14 所示。

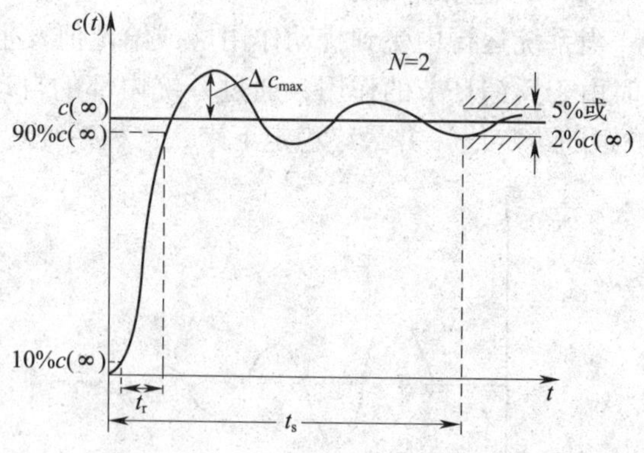

图 2—14　系统的动态响应曲线

（1）调节时间 t_s

调节时间是指从系统过渡过程开始到系统输出量进入并一直保持在新的稳态值允许误差带（稳态值的 ±2% ~ ±5%）内所需要的时间。其大小反映了系统的快速性，调整时间 t_s 越小，系统快速性越好。

（2）最大超调量 σ

最大超调量是输出量 $c(t)$ 与稳态值 $c(\infty)$ 的最大偏差 Δc_{max} 与稳态值 $c(\infty)$ 之比，即 $\sigma=\Delta c_{max}/c(\infty)\times100\%$。

（3）振荡次数 N

振荡次数是指在调节时间内，输出量在稳态值上下摆动的次数。

（4）上升时间 t_r

上升时间是指系统输出从稳态值的10%上升到90%所需要的时间。

二、调速系统的稳态性能指标

对于任何一个调速系统，其生产工艺对调速性能都有一定的要求，总体来说，对于调速系统的转速控制的要求主要有以下三个方面：

（1）调速

在一定的最高转速和最低转速的范围内，分挡（有级）或平滑地（无级）调节转速。

（2）稳速

以一定的精度在所需转速上稳定运行，在各种干扰下不允许有过大的转速波动，以确保产品质量。

（3）加、减速

频繁启、制动的设备要求加、减速尽量快，以提高生产效率；不宜经受剧烈速度变化的机械则要求启、制动尽量平稳。

以上三个方面可以通过调速系统的稳态性能指标和动态性能指标进行具体的描述，这里重点介绍调速系统的稳态性能指标。

1. 稳态性能指标

调速系统的稳态性能指标主要包括调速范围和静差率等。调速范围用来描述调速性能的好坏，静差率用来描述稳速性能方面的优劣。

（1）调速范围 D

调速范围指电动机在额定负载下，生产机械要求电动机提供的最高转速 n_{max} 和 n_{min} 之比，即：

$$D = \frac{n_{max}}{n_{min}} \tag{2—2}$$

式中 n_{max}——电动机额定负载时的最高转速，一般为额定转速 n_N；

n_{min}——电动机额定负载时的最低转速。

对于少数负载很轻的机械，例如精密磨床，也可用实际负载时的最高和最低转速来代替。

（2）静差率 s

调速系统静差率指当电动机在某一转速下运行时，负载由理想空载增加到额定值时所对应的转速降落 Δn_N 与理想空载转速 n_0 之比，即：

$$s = \frac{\Delta n_N}{n_0} \times 100\% \tag{2—3}$$

式中 Δn_N——额定负载时的转速降落，$\Delta n_N = n_0 - n_N$。

静差率是用来衡量调速系统在负载变化时转速的稳定度。

（3）静差率与机械特性硬度的区别

静差率与机械特性硬度有关，机械特性硬度越高，静差率越小，转速的稳定度越高。然而静差率和机械特性硬度是有区别的，一般调压调速系统在不同转速下的机械特性是互相平行的。对于同样硬度的特性，理想空载转速越低时，静差率越大，转速的相对稳定度也就越差。如图2—15 所示，a、b 两条特性曲线硬度相同，但其静差率不同。其中，$s_a = \frac{\Delta n_{Na}}{n_{oa}}$，

$s_b = \frac{\Delta n_{Nb}}{n_{ob}}$，此时，$\Delta n_{Na} = \Delta n_{Nb}$，$n_{oa} > n_{ob}$，因此，$s_a < s_b$，$a$、$b$ 两条特性曲线静差率不同。

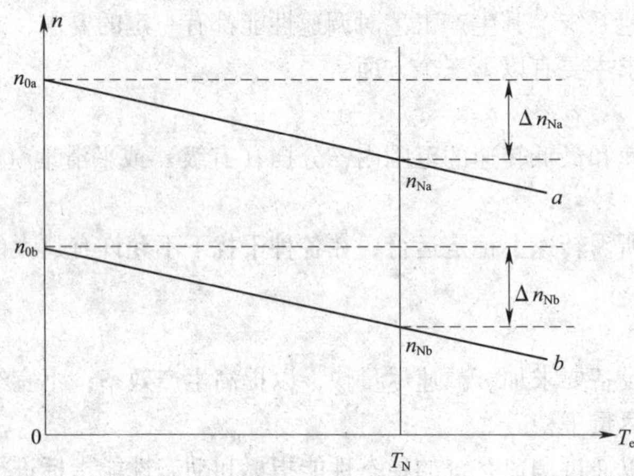

图 2—15　特性硬度相同、静差率不同时的机械特性曲线

2. 调速范围、静差率和额定转速降之间的关系

在直流调速系统中，假设电动机额定转速 n_N 为最高转速，可以推出调速范围、静差率和额定速降之间的关系：

$$D = \frac{n_N s}{\Delta n_N (1 - s)} \tag{2—4}$$

通常，对于调速系统来讲，其调速范围越大越好，静差率越小越好。对于同一个调速系统，如果Δn_N值一定，由式（2—4）可见，如果对静差率要求越严，即要求 s 值越小时，系统能够允许的调速范围也越小。调速范围和静差率是相互制约的关系，一个调速系统的调速范围是指在最低速时还能满足所需静差率的转速可调范围。

因此，调速范围和静差率这两项指标并不是彼此孤立的，必须同时适合才有意义。调速系统的静差率指标应以最低速时所能达到的数值为准。

【例 2—1】　某直流调速系统电动机的额定转速为 $n_N = 1\,430$ r/min，额定转速降 $\Delta n_N = 115$ r/min，当要求静差率 $s \leqslant 30\%$ 和 $s \leqslant 20\%$ 时，对应的调速范围分别是多少？若调速范围增大到 10，则对应的静差率为多少？

解： $s \leqslant 30\%$ 时，$D = \frac{n_N s}{\Delta n_N (1 - s)} = \frac{1\,430 \times 0.3}{115(1 - 0.3)} = 5.3$

$s \leqslant 20\%$ 时，$D = \frac{n_N s}{\Delta n_N (1 - s)} = \frac{1\,430 \times 0.2}{115(1 - 0.2)} = 3.1$

$D = 10$ 时，

$$D = \frac{n_N s}{\Delta n_N (1 - s)}$$

$$\Rightarrow s = \frac{D \Delta n_N}{n_N + D \Delta n_N} = \frac{10 \times 115}{1\,430 + 10 \times 115} = 0.446 = 44.6\%$$

三、开环调速系统存在的问题

若调速系统是开环调速系统，调节控制电压就可以改变电动机的转速。如果负载的生产工艺对运行时的静差率要求不高，这样的开环调速系统都能实现一定范围内的无级调速。但是，大多数需要调速的生产机械常常对静差率有一定的要求，在这种情况下，开环调速系统往往不能满足要求。

【例 2—2】 某龙门刨床工作台驱动采用直流电动机，其额定数据如下：60 kW，220 V，305 A，1 000 r/min，采用 V－M 系统。主电路电阻 $R=0.18\ \Omega$，电动机电动势系数 $C_e=0.2\ \text{V}\cdot\text{min}\cdot\text{r}^{-1}$。如果要求调速范围 $D=20$，静差率 $s\leqslant5\%$，采用开环调速是否满足要求？若要满足这个要求，系统的额定转速降 Δn_N 最多能达到多少？

解：

$$n=\frac{U_a-I_aR}{K_e\Phi}=\frac{U_a}{K_e\Phi}-\frac{I_aR}{K_e\Phi}=\frac{U_a}{C_e}-\frac{I_aR}{C_e}=n_0-\Delta n\Rightarrow\Delta n=\frac{I_aR}{C_e}$$

故 $\Delta n_N=\dfrac{I_NR}{C_e}=\dfrac{305\times0.18}{0.2}=275\ \text{r/min}$

开环系统在额定转速时的静差率为：

$$s=\frac{\Delta n_N}{n_{0N}}=\frac{\Delta n_N}{n_N+\Delta n_N}=\frac{275}{1\,000+275}=21.6\%>5\%$$

对于静差率来说，最低速时对应的静差率最大，最高速时对应的静差率最小。由上面计算可知，电动机在额定转速时对应的静差率已经远远超过要求，则低速时的静差率更加不能满足要求。

若要调速范围 $D=20$，静差率 $s\leqslant5\%$，则由 $D=\dfrac{n_Ns}{\Delta n_N(1-s)}$ 可得：

$$\Delta n_N=\frac{n_Ns}{D(1-s)}=\frac{1\,000\times0.05}{20(1-0.05)}=\frac{1\,000\times0.05}{20\times0.95}=2.63\ \text{r/min}<275\ \text{r/min}$$

通过对【例 2—2】分析可知，开环系统的转速降太大，机械特性软，静差率高，稳速性能差，只适用于对调速性能要求不高的场合。

实训 1　开环直流调速系统的接线与调试

一、实训目的

1. 熟悉开环直流调速系统的电路结构。
2. 掌握开环直流调速系统的调试方法。

二、实训内容

1. 开环直流调速系统的主电路接线和控制电路接线。
2. 开环直流调速系统的通电调试。
3. 求取直流调速系统开环工作机械特性。

三、实训器材

实训器材见表 2—1。

表 2—1　　实训设备、工具及仪表清单

序号	材料	型号或规格	数量	备注
1	电力电子及电气传动实验台	求是公司的 MCL－Ⅱ型实验台	1 台	
2	三相可调交流电源	0 ~380 V、50 Hz	1 个	型号自定
3	三相整流及触发装置、可调电抗器	MCL—33 挂箱	1 套	
4	给定电位器	MCL—18 挂箱	1 个	
5	直流电动机	$P_N=185$ W、$U_N=220$ V、$I_N=1.1$ A、$n_N=1\,500$ r/min	1 台	
6	测速发电机及测功机	MEL—13 组件	1 组	
7	双踪示波器	GOS—620	1 台	型号自定
8	万用表	数字式或指针式	1 只	型号自定
9	电流表、电压表	MEL—06 量程：2 A、300 V	各 1 只	
10	一字旋具		1 把	

提示

直流调速系统的接线、调试和故障排除实训可以采用不同厂家、不同品牌型号的电力电子及电气传动实验台或直流调速柜，其实验实训原理、系统接线方法、通电调试步骤及常见故障现象基本一致。本书选用了应用较广泛且具有一定代表性的两种实验实训设备：一种是浙江求是公司生产的 MCL－Ⅱ型电力电子与电气传动实验台，如图 2—16 所示，用于熟悉直流调速系统的结构原理，并进行相关验证性的实训；另一种是天津源峰公司生产的 DSC—5 型调压调速训练装置，其结构性能接近实际工业生产中应用的直流调速柜，用于了解直流调速柜的结构、调试及故障排除方法。

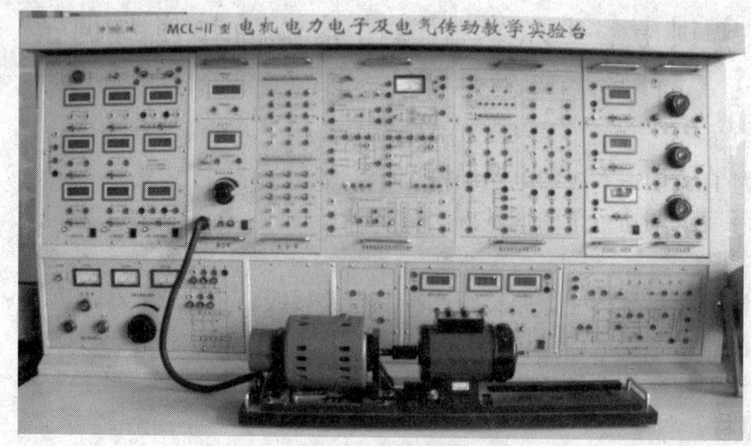

图 2—16　电力电子及电气传动实验台

四、实训步骤

1. 开环直流调速系统的接线

开环直流调速系统的实验接线图如图 2—17 所示。开环直流调速系统的接线分为主电路接线和控制电路接线。由于主电路和控制电路的线路电流差别较大，所选线径也不同。为了区分两种电路，在实验台接线时，采用了两种不同的接线插孔及线头。接线时一般遵循先接主电路，再接控制电路的原则。

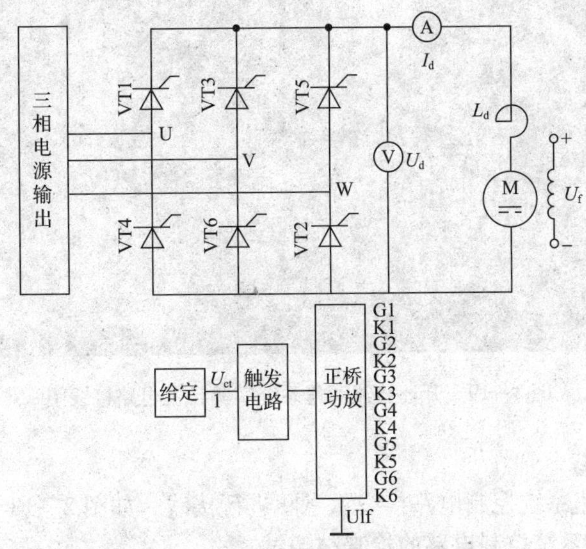

图 2—17　开环直流调速系统实验接线图

（1）主电路接线

按照开环直流调速系统主电路接线示意图进行主电路的接线，如图 2—18 中虚线以下所示。接线时应注意 U、V、W 三相的相序一定要一致，否则可能出现整流输出不正常的情况。

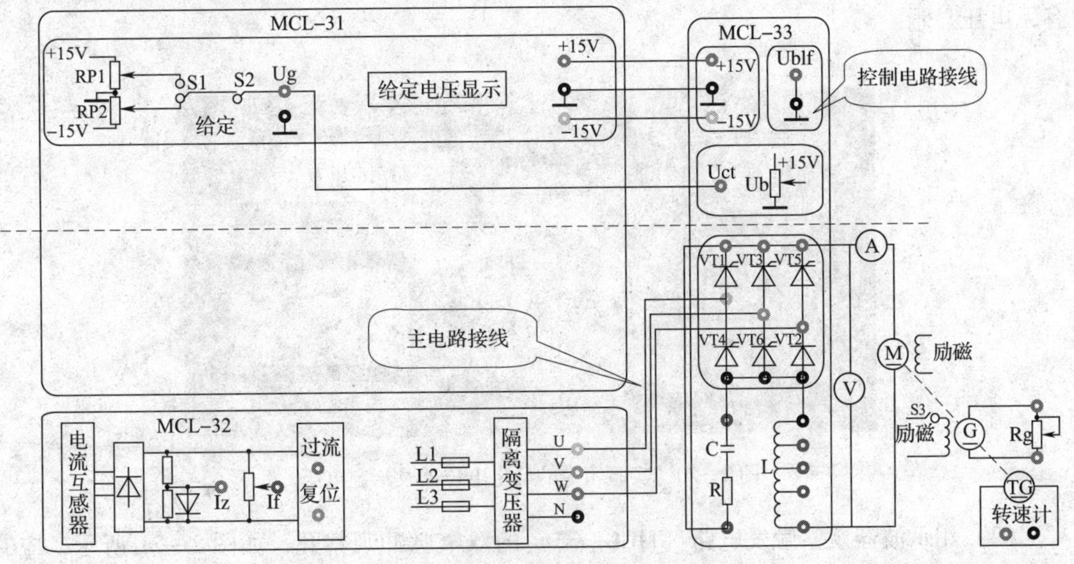

图 2—18　开环直流调速系统接线示意图

如图 2—19 所示为开环直流调速系统实验台主电路接线图及各组成部分。

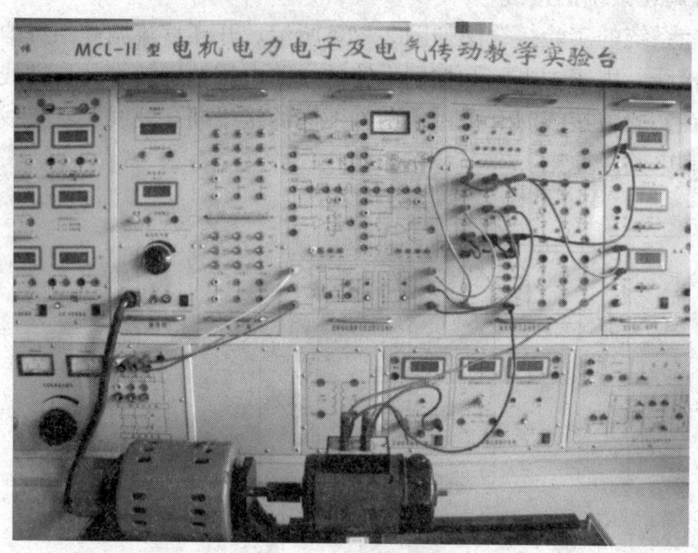

图 2—19　开环直流调速系统实验台主电路接线图

（2）控制电路接线

按照开环直流调速系统控制电路接线示意图进行接线，如图 2—18 中虚线以上所示。

2．开环直流调速系统控制电路的检查与调试

控制电路中最重要的是触发电路的检查与调试。在调试前，首先检查电路接线是否正确，然后再给控制电路通电，检查晶闸管的脉冲是否正常，具体调试步骤如下：

（1）打开控制电路的电源开关，将给定电位器的开关 S1 拨到“正给定”，S2 拨到“±给定”。通过给定电压显示表或万用表检查给定电位器（MCL—18）中的给定电压 U_g 有无电压显示。

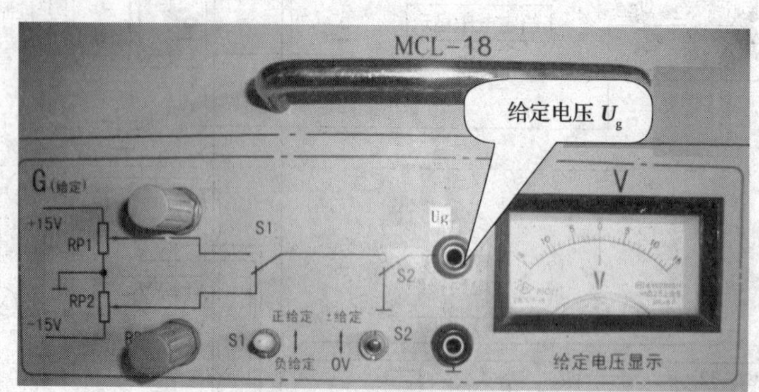

图 2—20　实验箱中的给定电位器及给定电压

（2）用示波器观察触发电路（MCL—33）的双窄脉冲观察孔，如图 2—21 所示，应有间隔均匀、相互间隔 60°的幅度相同的双窄脉冲。

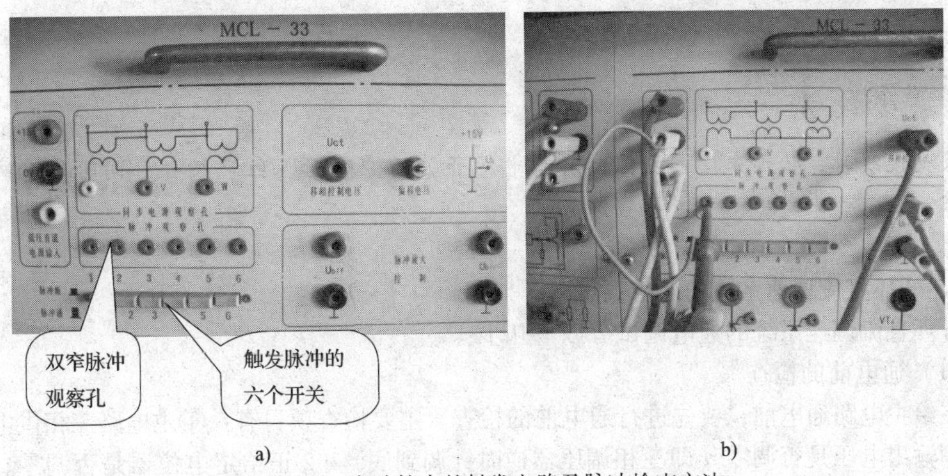

图 2—21　实验箱中的触发电路及脉冲检查方法

a）操作面板　b）接线

操作提示

双踪示波器的两个探头的地线通过示波器外壳短接，故使用时，必须使两探头的地线同电位（可以只用一根地线），以免造成短路事故。

（3）检查触发脉冲相序，用示波器观察“1”“2”脉冲观察孔。若“1”脉冲超前“2”脉冲 60°，则相序正确，否则应调整主电路输入电源的相序。

（4）用示波器观察每只晶闸管的控制极 G 和阴极 K，应有幅度为 1 ~ 2 V 的双窄脉冲，如图 2—22 所示。注意：要将面板上的 U_{blf}（当三相桥式全控整流电路使用 I 组桥的晶闸管 VT1 ~ VT6 时）接地，将触发脉冲的六个开关均拨到“接通”。

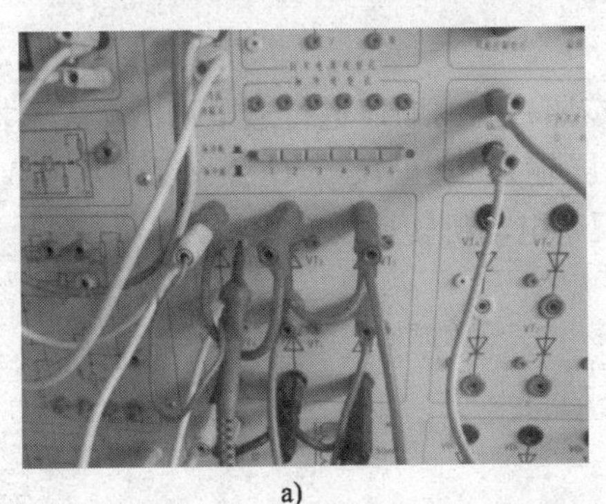

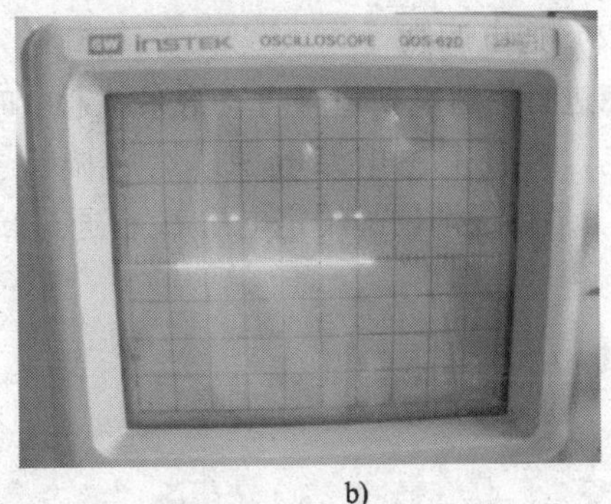

a)　　b)

图 2—22　用示波器观察晶闸管门极的双窄脉冲

a）接线　b）双窄脉冲

（5）将给定电位器的输出 U_g 接至触发电路（MCL—33 面板）的 U_{ct} 端，调节偏移电压 U_b，调节控制角 α 的初始值，当 $U_{ct}=0$ 时，使 $\alpha=90°$。保证触发电路的输出脉冲在 30°～90°范围内可调。

改变接线时，必须先按下主控制屏总电源开关的“断开”红色按钮，同时使系统的给定为零。

3. 开环直流调速系统的通电调试

开环直流调速系统的通电调试分以下几步：

（1）通电前的检查

在给主电路通电前，要先进行通电前的检查。主要检查项目有：①主电路三相供电电源的可调输出电压是否调零（即三相调压器逆时针调到底）。②正给定电位器是否调零。③电压表、电流表开关是否打开。④直流电动机励磁电源开关是否打开，同时检查直流电动机的励磁绕组两端是否有直流电压。

1）系统开环连接时，不允许突然加上给定信号 U_g 启动电动机，通电前需将给定电位器调零。

2）直流电动机在工作前，必须先给直流电动机加上直流励磁电压，否则直流电动机就会出现“飞车”现象，严重时损坏设备，甚至危及人身安全。

3）启动电动机时，需把 MEL—13 的测功机的加载旋钮逆时针旋到底，以免带过大负载启动。

（2）通电调试

在进行完通电前检查后，给系统通电时，要按照一定的顺序进行通电调试。先给控制电路供电，再合上主电路电源，然后调节主控制屏输出电压 U_{uv}、U_{vw}、U_{wu}，从 0 V 调至 200 V。最后逐渐增加给定电压 U_g，通过转速表观察电动机转速的变化。

当电源开关闭合瞬间，过流或过压保护发光二极管可能会亮并出现过压过流报警，此时只需按下对应的复位开关即可恢复正常工作。

（3）求取直流调速系统开环工作机械特性

1）当给定电压 $U_g=0$ 时，调节 U_{ct}，使 $\alpha=90°$，整流输出电压 $U_d=0$，即直流侧电压表

数值为零。

2）调节给定电压 U_g 的大小，观察对应的电压表电压 U_d、电流表电流 I_d、转速表转速 n 的变化。

3）调节给定电压 U_g，使电动机的空载转速 n_0 =1 500 r/min，然后调节测功机加载旋钮使电动机所带负载增加，观察电动机的转速变化情况，并在表2—2 中记录7 ~8 组电压表电压 U_d、电流表电流 I_d 和转速表转速 n 的数值。并根据数值在图2—23 中画出系统的开环机械特性曲线。

测取机械特性时，须注意主电路电流不能超过电动机的额定值（1 A）。

表2—2　　电压 U_d、电流 I_d、转速 n 的数值变化表

参数值	1组	2组	3组	4组	5组	6组	7组	变化趋势
电流 I_d								
转速 n								
电压 U_d								

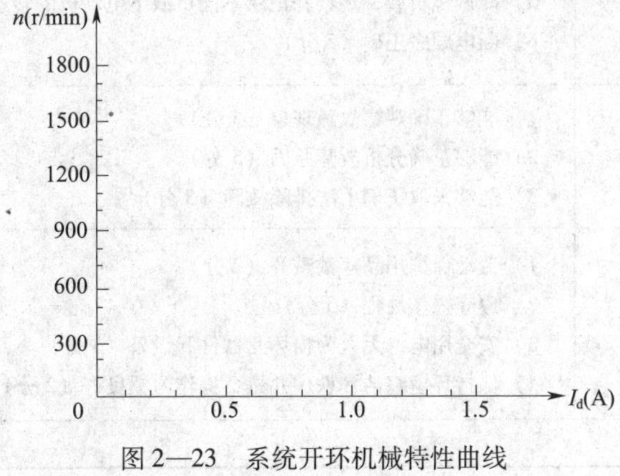

图2—23　系统开环机械特性曲线

（4）断电停止

在给开环直流调速系统断电停止时，首先将给定电压调零，再将三相调压器调零，然后断开主电路电源，最后切断控制电路电源。

当出现紧急情况时，可直接切断主电路电源，也可以直接断开控制电路电源。在断开控

制电路电源的同时，主电路电源也应被切断，以保证设备及人身的安全。

4．电路模拟简单故障及故障现象的观察与排除

电动机运行状态时，断开某一晶闸管元件（如 VT1）的触发脉冲开关，则该元件无触发脉冲即该支路不能导通，观察此时输出电压 U_d、转速 n 的变化，并用示波器观察并记录 u_d 的波形。

如果断开两个晶闸管（如 VT1、VT2 或 VT1、VT3）的触发脉冲开关，观察此时输出电压 U_d 和转速 n 的变化，并比较两种情况有什么不同。

五、评分标准

考核评分标准见表 2—3。

表 2—3　　考核评分标准

序号	项目	分值	评分标准	得分
1	接线	25	1）能够找出实验所需挂箱和相关设备，并在实验台面板或桌面上排列整齐（5 分） 2）能够按图连线，设备及相关装置接线正确，连线准确、牢固（20 分）	
2	实验调试过程	50	1）通电顺序正确（5 分） 2）会用示波器观察触发脉冲（10 分） 3）会调节控制角的初始值（10 分） 4）能够观察电动机在不同给定电压下的转速变化（10 分） 5）能调节负载，观察并记录不同负载下电动机的转速变化（10 分） 6）断电顺序正确（5 分）	
3	故障检测和处理	15	1）能够正确观察故障现象（5 分） 2）能够正确分析故障原因（5 分） 3）能够采取正确手法排除故障（5 分）	
4	安全文明生产	10	1）劳动保护用品穿戴整齐（2 分） 2）遵守操作规程（3 分） 3）安全用电，无人为损坏元器件和设备（3 分） 4）保持环境整洁，秩序井然，操作习惯良好（2 分）	
指导教师评价			合计	

实训 2　直流调速柜开环系统的调试与故障排除

一、实训目的

1．熟悉直流调速柜开环系统的各组成部分及基本结构。

2．掌握开环直流调速系统的安装接线与调试。

3．能够对开环直流调速系统进行简单的故障排除。

二、实训器材

实训器材见表 2—4。

表 2—4　　实训设备、工具及仪表清单

序号	材料	型号或规格	数量	备注
1	直流调速柜	DSC—32 型或 DSC—5 型	1 台	
2	万用表	数字式或指针式	1 只	型号自定
3	双踪示波器	GOS—620	1 台	型号自定
4	验电笔		1 支	
5	一字旋具		1 把	

直流调速柜简介

直流调速柜是晶闸管直流传动装置，作为可调直流电源拖动直流电动机调速使用。它是用晶闸管整流器将交流电整流成可调直流电，对直流电动机电枢供电，可开环控制；也可引入电压负反馈、电流截止负反馈、转速负反馈等，构成闭环控制，组成自动稳速的闭环无级调速系统。本设备各项性能良好，能满足一般生产机械对调速的要求，在实际生产中也有一定的应用。

直流调速柜主电路采用三相全控桥，整流输出给直流电动机提供电枢电压，同时设有独立的励磁电源，可以向直流电动机提供励磁电压。设备内装有保护报警电路，当直流输出过流或短路时，快速熔断器熔断，保护电路发出指令，自动切除主电路电源，同时故障指示灯发亮，直至操作人员切断控制装置电源，故障指示灯才熄灭。保护电路的设置提高了设备运行的安全性。

本装置采用柜式结构，柜内最下层安装整流变压器，其他部件由下而上分层安装于柜内的立柱上。

三、实训内容

1. 认识直流调速柜各组成部分

本装置采用开环调速系统工作时，开环系统框图如图 2—24 所示。系统结构分为主电路、控制触发电路、继电控制电路以及保护电路等部分。主电路部分主要由整流变压器、晶闸管整流电路、直流电动机的励磁电源等组成；控制触发电路主要由给定器、集成移相脉冲触发器、直流电源等部分组成。

在对开环系统进行接线、调试前，必须根据直流调速柜开环系统中各组成部分的结构原理图来认识并熟悉直流调速柜。

（1）直流调速柜外观及操作面板

图 2—25a 所示为直流调速柜的正面视图，其操作面板上的显示及开关的功能如图 2—25b 所示。

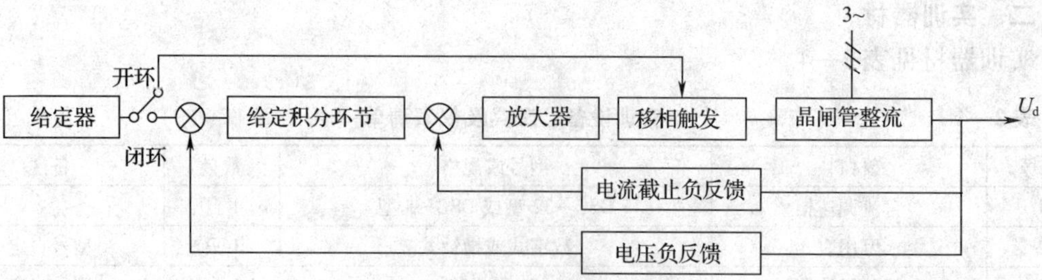

图 2—24　开环系统框图

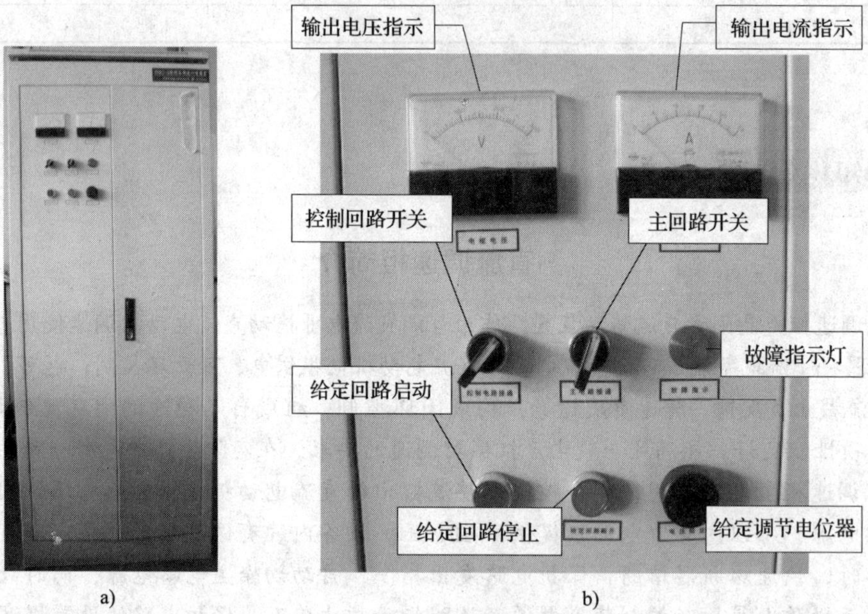

a)　　　b)

图 2—25　直流调速柜

a）直流调速柜正面视图　b）直流调速柜操作面板图

（2）直流调速柜主电路结构

直流调速柜主电路中的整流变压器、晶闸管整流电路及励磁电源等各部分的电路结构外形及在调速柜中的位置，可根据主电路电路图来认识。

直流调速柜主电路基本原理

直流调速柜主电路的电路如图 2—26 所示，其基本工作原理是：输入三相交流电源经整流变压器 T1 降压后，通过晶闸管整流电路变为可调的直流电，给直流电动机电枢绕组供电；同时，从变压器 T1 二次绕组引入单相交流电，通过励磁电源变为固定直流电，给直流电动机励磁绕组供电。

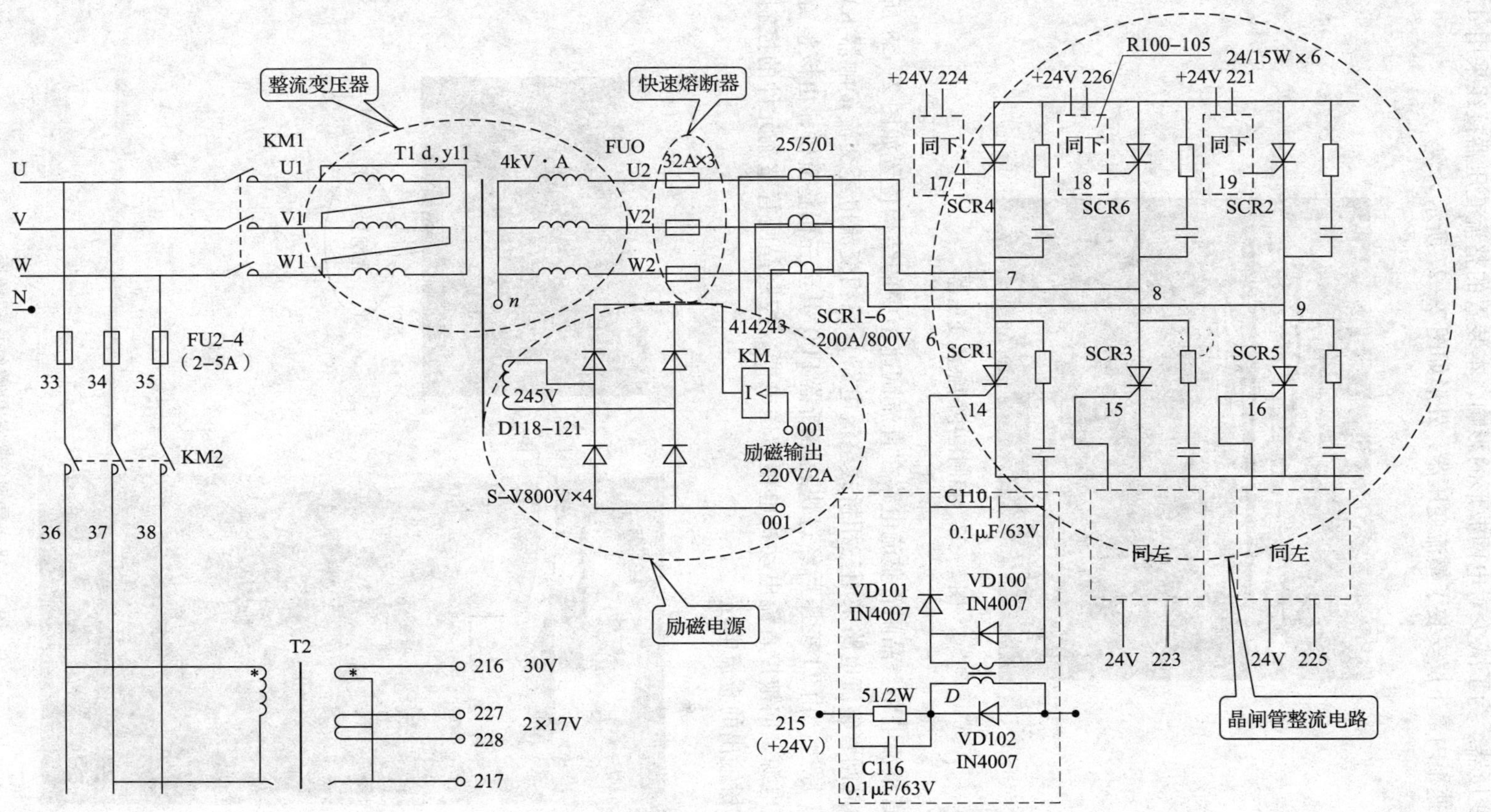

图 2—26　直流调速柜主电路的电路图

1）整流变压器。为了减少对电网波形的影响，本装置的整流变压器接线采用 d，y11 联结。在直流调速柜内最下层安装了整流变压器，外形如图 2—27 所示。

图 2—27　控制柜中的整流变压器

2）晶闸管整流电路。晶闸管整流电路在直流调速柜中的结构位置如图 2—28 所示。直流调速柜中的晶闸管整流电路采用三相桥式整流电路，三相交流电经交流接触器 KM1 引至整流变压器 T1 原边，由 T1 变压后经过快速熔断器 FU0 引至三相整流桥，由该整流桥整流后，输出直流电源，向被控直流电动机电枢馈送电能。控制晶闸管整流元件的控制角 α 即可以调节整流桥输出的直流电压。

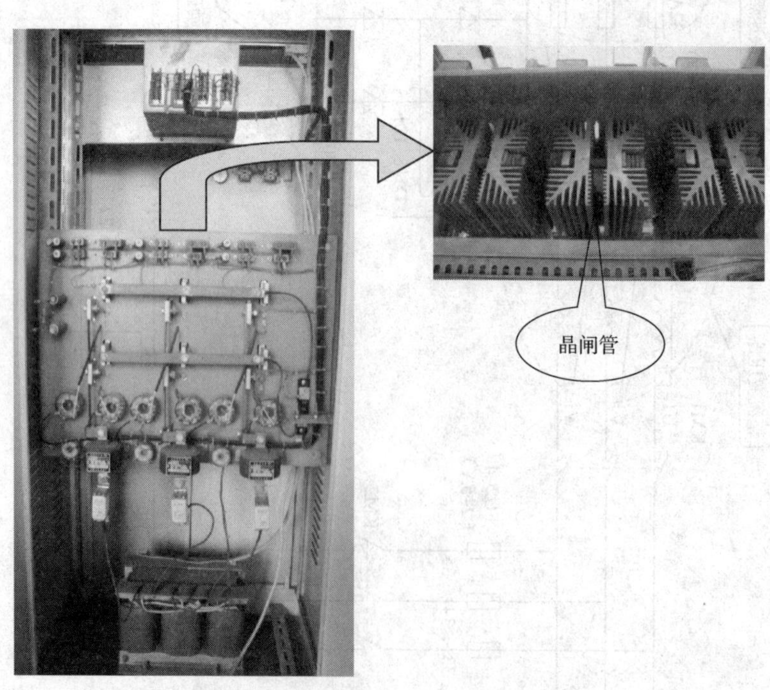

图 2—28　晶闸管整流电路结构位置图

3）励磁电源。励磁电源结构位置如图 2—29 所示。由整流变压器 T1 的二次绕组取出 245 V 的交流电经单相桥整流后变为 220 V 直流电源，作为电机的励磁电源，励磁电源部分电路图如图 2—26所示。

图 2—29　励磁电源的结构位置图

（3）控制触发电路

控制触发电路部分由给定环节、集成脉冲触发器和直流电源部分组成。给定环节给集成脉冲触发器提供一可调给定电压，调节给定电位器即可改变集成脉冲触发器输出脉冲的相位（控制角 α），同时直流电源部分给给定环节和集成脉冲触发器提供所需直流电压。各部分电路结构外形如下：

1）给定环节。由中间继电器 KA 控制的给定电源通过一个 2. 2 kΩ 电阻加到本装置控制盘上的给定电位器上，调节此电位器（见图 2—30a）可得到 0 ~ 10 V 的直流给定电压。给定环节电路图如图 2—30b 所示。

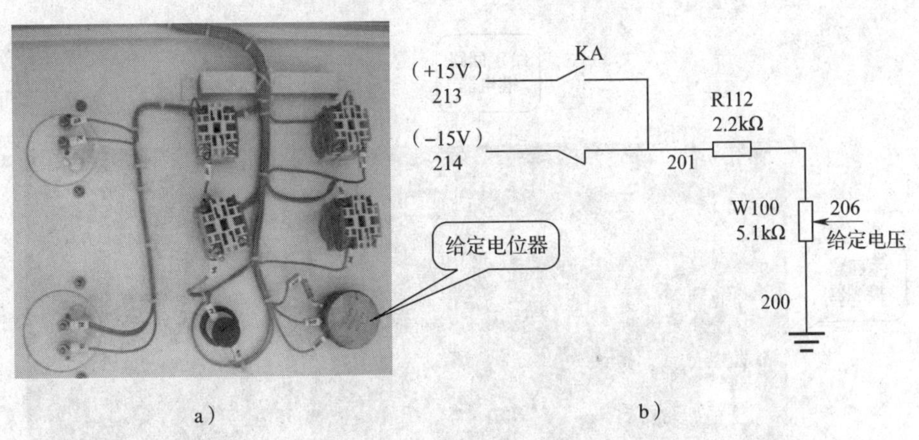

图 2—30　给定环节

a）给定电位器的接线位置　b）给定环节电路图

2）集成脉冲触发器。采用触发板（CFD）产生双窄脉冲，其结构位置如图 2—31 所示。

3）直流电源。采用电源板（WYD）提供直流电压，其结构位置如图 2—31 所示。

4）调节板（TJB）。可实现系统开、闭环控制及部分保护电路的控制，其结构位置如图 2—31 所示。

（4）继电控制电路

在本装置的继电控制电路中，各交流接触器和继电器等元件的位置结构图如图 2—32 所示。

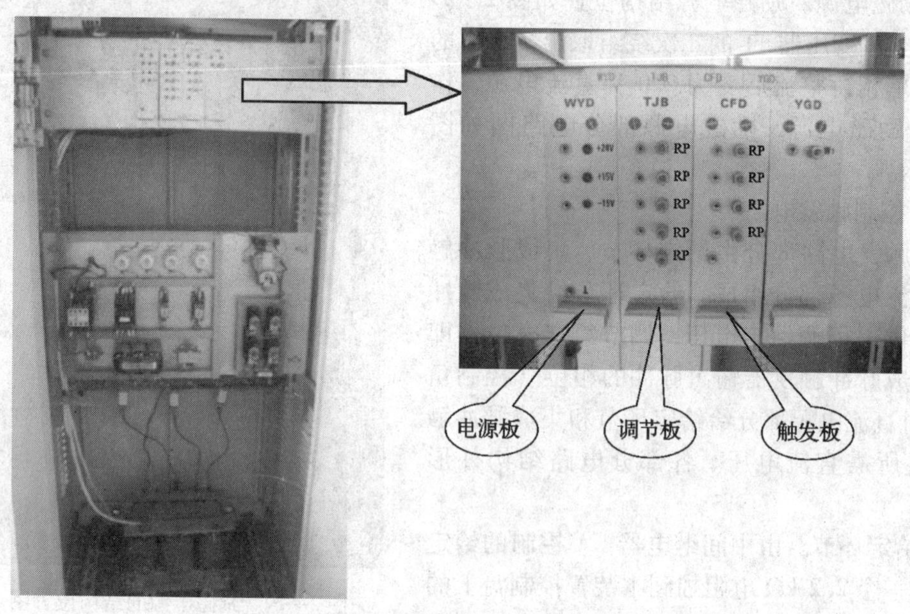

图 2—31　控制电路中的控制板

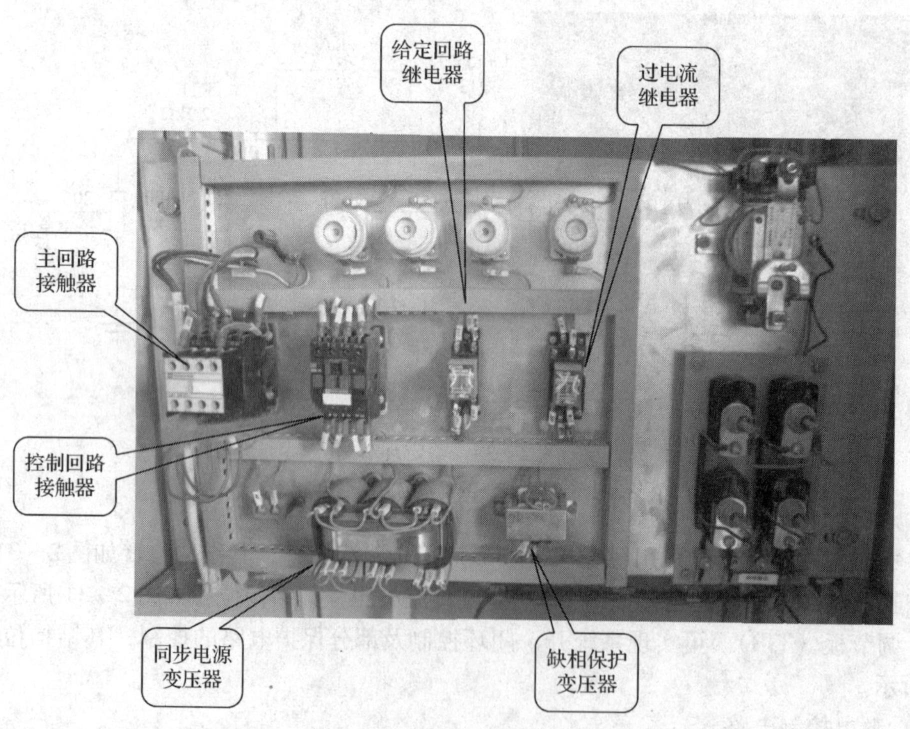

图 2—32　继电控制电路位置结构图

继电控制电路的工作原理

继电控制电路图如图 2—33 所示。

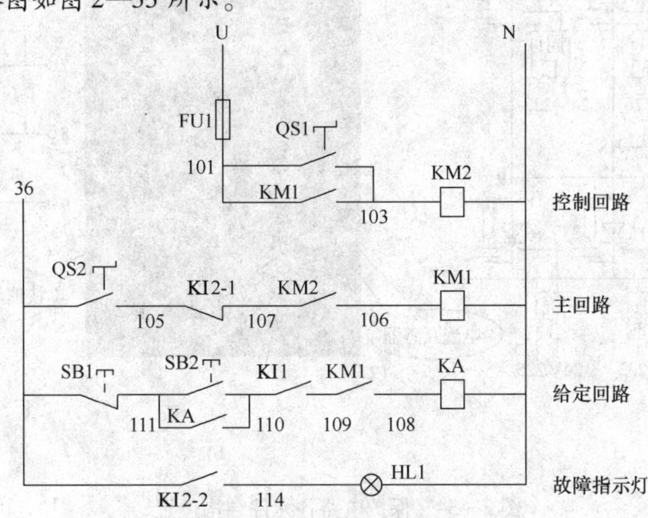

图 2—33　继电控制电路图

QS1—控制回路开关　QS2—主回路开关　SB1—给定回路停止按钮

SB2—给定回路启动按钮　KM1—主回路接触器　KM2—控制回路接触器

KA—给定回路继电器　KI2－1、KI2－2—过电流继电器触点

继电控制电路的工作过程简述如下：

1）启动系统时，闭合控制回路开关 QS1（本身带自锁），KM2 线圈得电，KM2 主触点闭合，将 U、V、W 和 36、37、38 线接通，使同步电源变压器 T2 得电，控制电路通电开始工作。同时 36 线得电，KM2 常开触点闭合，为主电路的接通做好准备。

闭合主回路开关 QS2（本身带自锁），KM1 线圈得电。KM1 主触点接通三相电源，主变压器 T1 得电。同时 KM1 常开触点闭合，一方面使控制电路的 KM2 线圈始终接通，保证在主电路得电时，控制电路不被切断；另一方面为给定回路的接通做好准备。

按下给定回路启动按钮 SB2，给定回路 KA 得电自锁，KA 常开触点闭合，如图 2—33 所示，启动完成。调节给定电位器，即可调节电动机的转速。

2）停止系统时，先将给定电位器调至最小，按下给定回路停止按钮 SB1，KA 线圈失电，切断给定回路；然后断开主回路开关 QS2，KM1 线圈失电，切断主电路；最后，断开控制回路开关 QS1，KM2 失电，切断控制电路。

（5）保护系统

1）过压保护。如图 2—34 所示，本装置在整流桥交流输入侧接入电容器，起到过压保护的作用。在整流桥各晶闸管元件上安装了阻容吸收电路，防止整流元件因瞬时过电压而击穿。

2）短路保护。在交流电源输入侧安装了快速熔断器，对主电路各元件及直流侧电路起到短路保护作用，元件结构位置如图 2—34 所示。

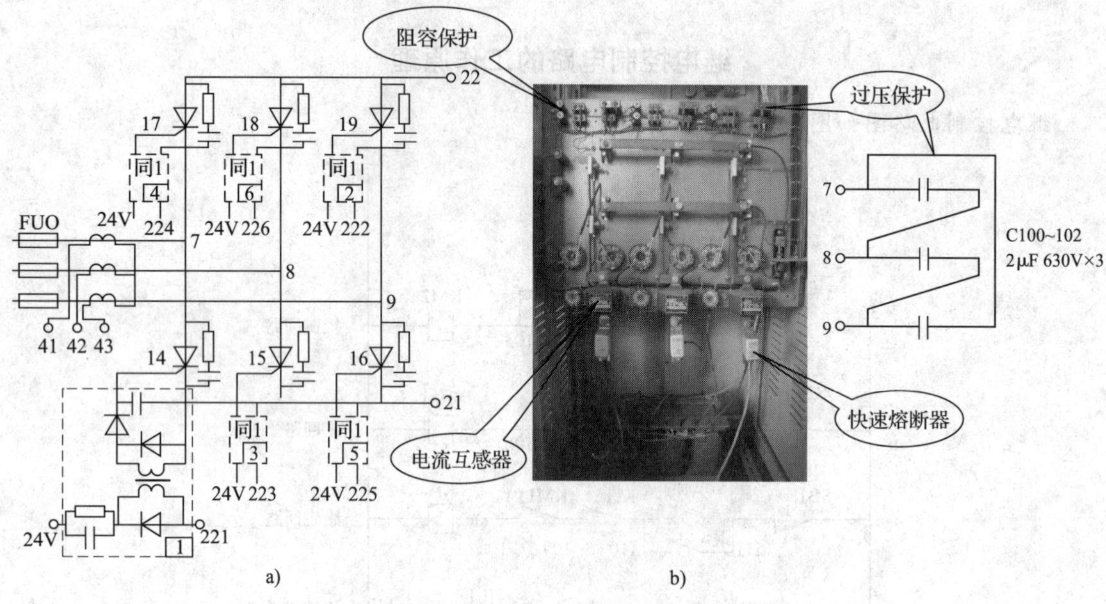

图 2—34　保护电路各元件结构位置

a）电路图　b）位置图

3）信号保护系统

①直流输出端过流。从电流互感器（见图 2—34）反馈过来的主回路电流加入到调节板 TJB（见图 2—31），其值一旦超过系统的设定最大过电流值（出厂时整定在额定值的 150%），调节板内将给出一个故障信号，故障继电器 KI2（见图 2—32）得电吸合，断开主电路并给出一个故障信号，故障指示灯 HL1 得电指示。

②快速熔断器熔断。安装在快速熔断器（见图 2—34）输出端的三个 0.47 μF/630 V 的电容器接成星形，其中点通过安装于继电器板上的缺相保护变压器 T3（见图 2—32）接到主整流变压器二次绕组的中性点上。当任何一只快速熔断器熔断时，变压器 T3 的二次绕组即感应出一峰值高电压。该电压加入到调节板的保护电路上时系统保护，重复 KI2 吸合过程。

2. 直流调速柜的安装接线

直流调速柜的接线分为主电路接线和控制电路接线两部分。

（1）主电路接线

1）将三相四线制 380 V 交流电源的 U、V、W 三相与交流接触器 KM1 相连接，零线接在接线柱 N 上。

2）将励磁输出端与直流电动机的励磁接线端子相连接，连接时要注意极性，如图 2—35a 所示。

3）将整流输出端与直流电动机的电枢接线端子相连接，连接时注意极性，如图 2—35b 所示。

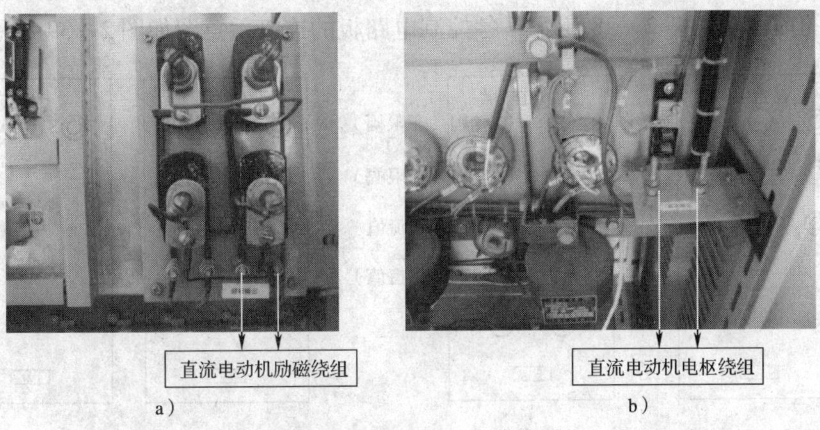

图 2—35　主电路实物接线图

（2）控制电路接线

首先将调节板中的短路片接到开环位置，如图 2—36 所示。再将电源板、触发板、调节板、隔离板安装在对应位置，如图 2—37 所示。

图 2—36　调节板的正面视图

a)　　b)

图 2—37　直流调速柜的各线路板安装的正、反面视图

a）直流调速柜线路板正面视图　b）直流调速柜线路板反面视图

控制盒的前视图如图 2—38 所示，各控制电路板的连接示意图如图 2—39 所示。

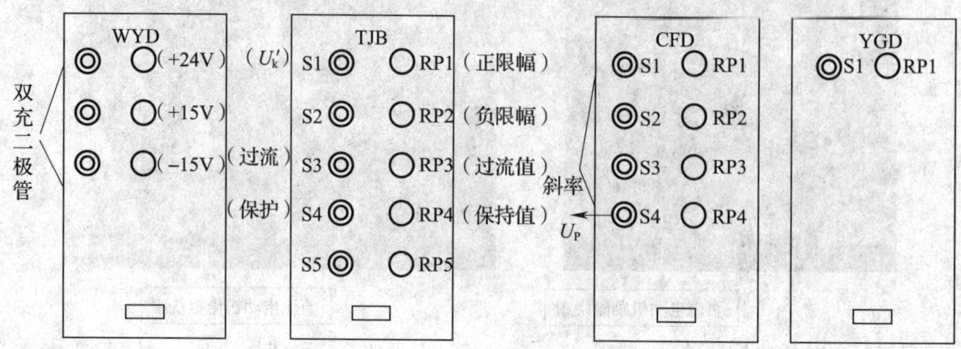

图 2—38　控制盒前视图

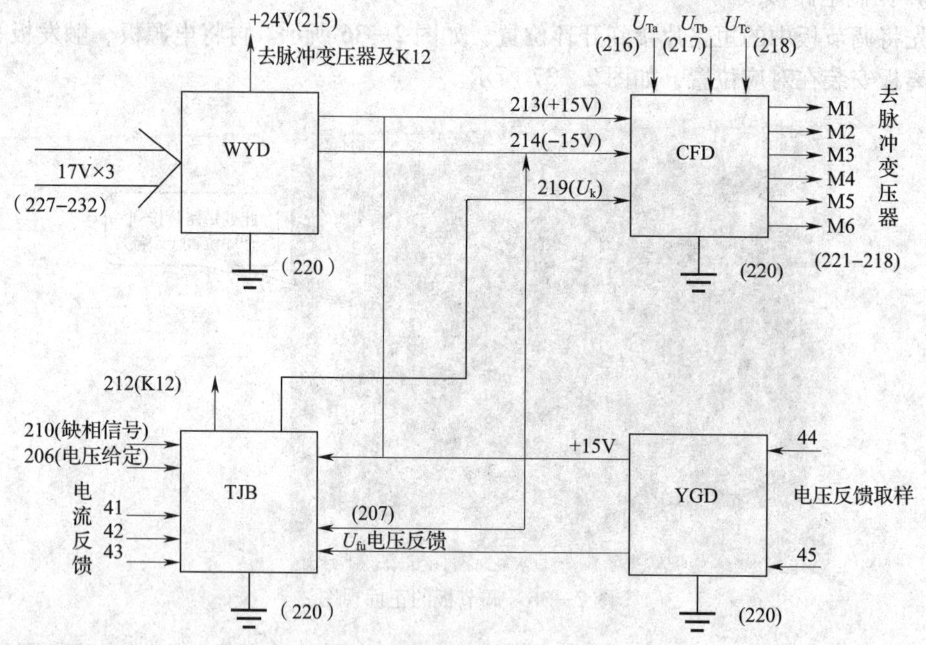

图 2—39　控制电路板连接示意图

3．开环直流调速系统调试

在通电调试前，一定要检查调速柜的接线，无误后方可通电调试。

（1）继电控制电路的检查与调试

将各控制电路板均拆下，接通电源，按规定顺序操作面板上的按钮，检查继电器工作状态和控制顺序是否正常。具体操作调试顺序如下：

1）接通“控制电路接通”主令开关 QS1，控制回路接触器 KM2 线圈得电，常开触点闭合，控制回路电源接通。

2）接通“主电路接通”主令开关 QS2，主回路接触器 KM1 线圈得电，常开触点闭合，整流变压器 T1 得电，并将三相交流电送至晶闸管整流桥输入端，同时励磁电源接通。

3）按下“给定回路接通”按钮 SB2，给定回路继电器 KA 线圈得电，常开触点闭合，给定回路电源接通。

4）按下“给定回路断开”按钮 SB1，切断给定回路。

5）关断“主电路接通”主令开关 QS2，主回路接触器 KM1 线圈失电，常开触点断开，切断主电路电源。

6）关断“控制电路接通”主令开关 QS1，控制回路接触器 KM2 线圈失电，常开触点断开，切断控制电路电源。

（2）各控制电路板的调试

各控制电路板的具体调试步骤及方法如下：

1）电源板（WYD）调试。电源板主要是由 VD1 ~ VD12 共 12 个二极管组成的桥式整流电路，滤波后接到 LM7815 和 LM7915 集成稳压器的输入端，其输出为各控制板及脉冲变压器提供电源，电源板 WYD 的实物图如图 2—40a 所示，电路图如图 2—40b 所示。

①首先检查电源板各输入量是否正常。接通电源，闭合“控制电路接通”主令开关，在调速柜后面，使用万用表逐点检查各输入电压，检查 200 线与 227、228、229、230、231、232 线间的交流电压应为 17 V。

②断电后将电源板插入控制盒对应位置，再次闭合控制电路，测量各输出点电压是否正确。用万用表检测其前面板 S4 测试点与 S1 测试点之间应为 24 V 直流电，与 S2 测试点之间应为 +15 V 直流电，与 S3 测试点之间应为 -15 V 直流电。同时，前面板的三个发光二极管应正常发亮。前面板各测试点的含义如下：S1 为 +24 V 测试点，S2 为 +15 V 测试点，S3 为 -15 V 测试点，S4 为公共接地端。

2）调节板（TJB）调试。调节板是控制电路的核心，由于是开环系统的调试，因此应首先将调节板上的短路环放在开环位置。用万用表测量调节板 S1 点与电源板 S4 点之间的电压（或测量后面板的 219 线与 200 线之间的电压）U_k，通过调节给定电位器，使 $U_k = 0 \sim 10$ V可调。其中，前面板的测试点 S1 是指电压给定值测试点，如图 2—38 所示。

a)

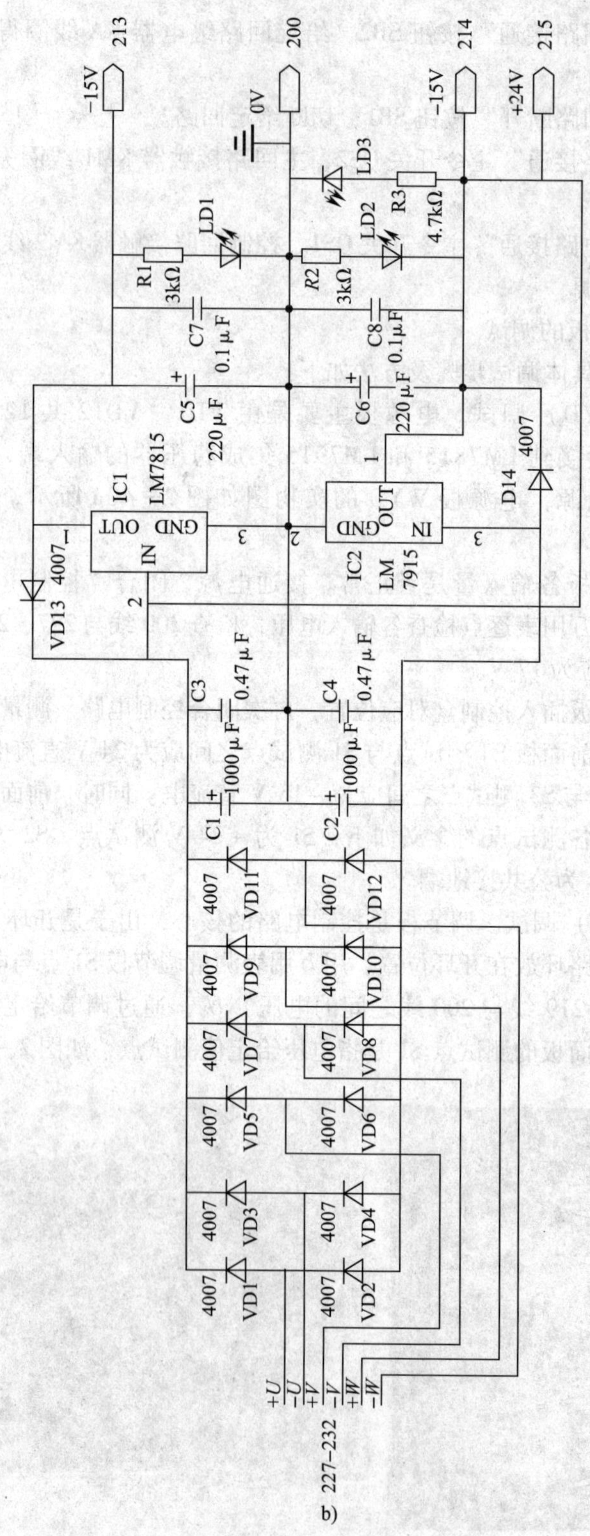

图 2—40　电源板 WYD 实物图及电路原理图

a）电源板 WYD 的实物图　b）电源板电路原理图

3）触发板（CFD）调试。触发板采用三片专用的集成脉冲产生芯片 KC04 作为系统的脉冲产生电路。该芯片性能稳定可靠、移相范围宽、外围控制元件简单，是目前国内晶闸管触发电路中采用较多的芯片。触发板主要为系统主电路中的每个晶闸管提供相位相隔 60°的双窄脉冲。触发板实物图如图 2—41a 所示，触发板的电路图如图 2—41b 所示，其前面板各调节电位器和测试点含义见表 2—5。

调试时，首先检查各输入量是否正确。接通控制电路电源，用万用表检查 213、214 线对 200 线电压是否分别为 +15 V、－15 V，用双踪示波器观察 216、217、218 线 U_{ta}、U_{tb}、U_{tc}的相序是否正确。检查正确无误后，断开控制电路电源，将触发板安装好，再次闭合控制电路电源，通过调节给定电位器使 $U_k=0$ V。再调节电位器 RP1、RP2、RP3，并测量各测试点 S1、S2、S3 电压，使其均为直流电压 6 V，调节电位器 RP4 即可改变移相初始电压 U_p的值，调节 $U_p=-6$ V。

（3）开环系统调试

1）将电动机的电枢绕组接线拆下，与足够大容量的阻性负载相连，进行阻性负载的系统调试。

2）进行初始相位角的调整。将三块控制板安装好，将调节板置于开环位置，给定电位器调至最小，并接通控制电路、主电路和给定电路。调节给定电位器，使 $U_g=0$ V；调整触发板的 RP4 电位器，使 $U_d=0$ V。初始相位角调整结束。

3）调节给定电位器，逐渐加大给定电压至最大值，观察电压表的变化，输出直流电压应从 0～300 V 连续线性可调。

4）将电动机的电枢绕组接到直流调速柜直流电压输出端，通电调试，调节给定电位器从最小开始增大，观察电动机的转速从零开始升高。增加电动机所接负载，观察电动机的转速、输出直流电流和输出直流电压的变化。将给定调零，断电停车，开环直流系统调试完毕。

4. 开环系统一般故障的检测与排除

（1）主电路故障

1）观察故障现象，分析故障原因

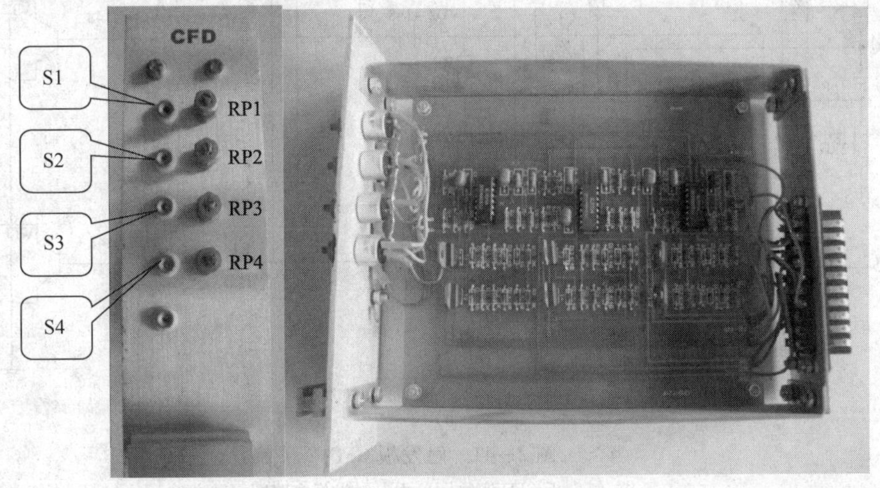

a）

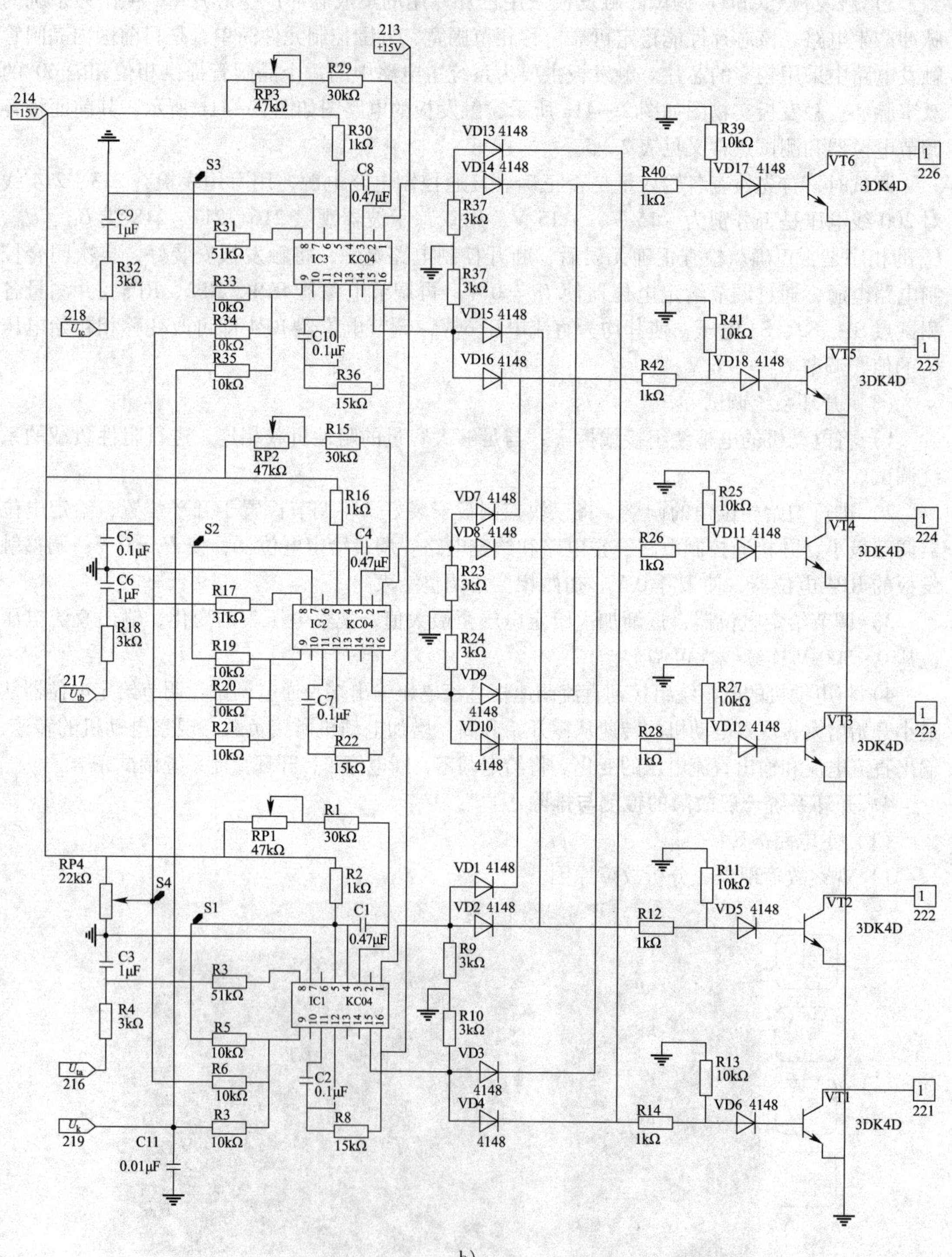

b）

图 2—41　触发板 CFD

a）触发板 CFD 实物图　b）触发板电路图

表 2—5　　触发板各电位器和测试点的含义

电位器	功能	测试点	功能
RP1	斜率（U 相的斜率）电位器	S1	斜率值（U 相）
RP2	斜率（V 相的斜率）电位器	S2	斜率值（V 相）
RP3	斜率（W 相的斜率）电位器	S3	斜率值（W 相）
RP4	偏置电压（初始相位）电位器	S4	偏置电压值 U_P

①观察故障现象：控制电路接通后，给主电路通电时，继电保护电路中 KM1 不闭合。

②分析故障原因：根据故障现象，对电路进行原理分析，并整理出故障原因的相关信息。

主电路常见故障现象及原因见表 2—6。

表 2—6　　主电路常见故障及原因

序号	故障现象	故障点及原因	备注
1	KM1 不闭合	U 相电压为零	测量方法：用万用表电压挡测量 U 与 N 之间是否为 220 V，若正常，则闭合 QS1 测量 KM2 闭合情况。测量 36 线与 N 之间是否为220 V，若是，则闭合 QS2，测量 105、107、106 线与 N 之间的电压是否为 220 V
		KM2 主触头没有闭合	
		U 相熔断器及外电路断开	
		QS2 无法闭合及接线断路	
		K12-1 断路	
		KM2 常开接点闭合不上	
		KM1 线圈或外接线断路	
2	KA 不闭合	电源 U 相缺相	
		KM2 主触头闭合不上	33 到 36 线开路
		停止按钮 SB1 的常闭接点断开	
		启动按钮 SB2 无法闭合	
		KM1 常开联锁触头无法闭合	
		KA 线圈或外部接线断开	
3	KA 不能自锁	KA 常开自锁接点合不上	110 到 111 线开路
4	KA 不停地闭合与打开	KA 的自锁接点常开或常闭	110 到 111 线开路或短路
5	断开负载时，输出电压 $U_d=0$ V	断开负载时，电流 $I_d=0$，晶闸管不能导通；缺相保护启动	

2）查找故障点，并修复故障

①断开电源，仔细观察，是否有主电路元件损坏变色的痕迹，了解是否有故障发生时产生的声、光、味等异常现象，初步确定故障范围。

②接通调速柜总电源，用万用表交流电压 500 V 挡测量继电操作电路的 U 端与 N

端之间的电压是否为 220 V。若无电压，断电后，检查 U 相熔断器 FU1 是否熔断，如已熔断，更换相同容量的熔断器。然后用万用表欧姆挡检查 U 相供电的控制回路是否有短路点，如无再检查由 U 相供电的同步变压器 T2 有无短路点。排除故障后，重新通电调试运行。

③若检查 U 端与 N 端电压正常，再闭合 QS1，检查 KM2 闭合情况，若 KM2 主触点不闭合，检查 KM2 线圈两端是否有电压。若无电压，检查线路中有无接触不良或掉线等情况；若有电压，检查 KM2 主触点各接线是否接触良好，否则更换新的接触器 KM2。

④若 KM2 闭合，测量 36 线端与 N 端电压是否为 220 V。若无，电压，断电后检查 U 相 33 线上的熔断器 FU2 是否熔断，如已熔断，更换相同容量的熔断器。

⑤若 36 线端与 N 端电压正常，闭合 QS2，测量 105 线点与 N 端之间的电压是否正常。如无电压，说明 QS2 开关有问题；如有电压，再测量 107 线点与 N 端之间的电压是否正常。如无电压，说明过流继电器常闭触点 KI2－1 有问题；若有电压，最后测量 106 线点与 N 端之间的电压是否正常，如无电压，说明 KM2 常开触点有问题。找出故障点，断电后排除故障，重新通电调试运行。

（2）控制电路电源板故障

1）观察故障现象，分析故障原因

①观察故障现象：调速柜控制电路接通后，调节板、触发板等没有工作所需的直流电源。

②分析故障原因：根据故障现象，对电路进行原理分析，并整理出故障原因的相关信息。

电源板常见故障及原因见表 2—7。

表 2—7　电源板常见故障及原因

序号	故障现象	故障原因分析	
		故障点	故障原因
1	输出电压低，指示灯亮度低	VD1～VD12 任意一个二极管	LM7815 和 LM7915 的输入电压偏低；二极管已坏或断开
2	没有 +15 V 输出，其他正常	LM7815	LM7815 的输入或输出断开
3	+15 V 电压偏高，指示灯亮，带载能力差	VD13	VD13 反接
4	+15 V 电压偏高，指示灯不亮	LD	LD 反接
5	输出电压低，灯亮度低	+U，－U，+V，－V，+W，－W 中的一相不正常	+U，－U，+V，－V，+W，－W 中的一相断开
6	没有 －15 V 输出，灯不亮	LM7915	LM7915 断开

2）查找故障点，并修复故障

①断开电源，抽出电源电路板仔细观察，是否有元件损坏变色的痕迹，了解是否有故障发生时产生的声、光、味等异常现象，初步确定故障范围。

②将电源板插入对应位置，通电后，观察指示灯是否正常指示。若灯不亮，说明电路工作不正常。用万用表直流电压 200 V 挡测量同步变压器 T2 的输出端（即电源板的输入端）227 与 228、229 与 230、231 与 232 之间的电压是否为 17 V。若不正常，用万用表交流电压 500 V 挡测量 36、37、38 线之间电压是否为 380 V。若有电压，说明同步变压器 T2 出现故障；若无电压，检查控制电路接触器 KM2 是否闭合及熔断器 FU2 是否熔断。

③若测量电源板输入电压正常，用万用表直流电压 200 V 挡测量 S1 与 S4 之间的电压是否为 -15 V。若无电压，断电后，检查电源板上的 LM7915 接线是否断开或损坏。若断开或损坏，则更换故障元件 LM7915。

④用万用表直流电压 200 V 挡测量 S2 与 S4 之间电压是否为 +15 V。若无电压，断电后，检查电源板上的 LM7815 接线是否断开或损坏。若断开或损坏，则更换故障器件 LM7815。

⑤用万用表直流电压 200 V 挡测量 S3 与 S4 之间电压是否为 +24 V。若无电压，断电后，检查电源板上的二极管 VD1 ~ VD12 是否已坏或断开。若已坏或断开，则更换故障二极管。

⑥排除故障后，接通电源。若指示灯正常工作，无异味等，则表明电源电路已修复成功。

（3）控制电路触发板故障

1）观察故障现象，分析故障原因

①观察故障现象：直流调速柜开环系统运行时，电动机出现转速波动现象。

②分析故障原因：根据故障现象，对电路进行原理分析，并整理出故障原因的相关信息。

触发板常见故障及原因，见表 2—8。

表 2—8　　触发板常见故障及原因

序号	故障现象	故障原因分析	
		故障点	故障原因
1	没有相应的补脉冲出现，U_d 波形缺波头	VD13，VD15，VD7，VD9，VD1，VD3 中出现断开或极性装反	二极管损坏或装接工艺错误
2	T5 不导通，U_d 电压低，为正常的 2/3 左右	VD18 断开或极性装反	二极管损坏或装接工艺错误
3	T6 不导通，VD17 不导通，226 线无脉冲输出	R40 电阻阻值不符合要求	电阻选用错误，或者装接工艺不合要求，出现虚焊现象

续表

<table>
<tr><th rowspan="2">序号</th><th rowspan="2">故障现象</th><th colspan="2">故障原因分析</th></tr>
<tr><th>故障点</th><th>故障原因</th></tr>
<tr><td rowspan="3">4</td><td rowspan="3">缺少某相脉冲，U_d 低</td><td>VD17，VD11，VD5 中出现断开或极性装反</td><td>二极管损坏或装接工艺错误</td></tr>
<tr><td>U_{ta}，U_{tb}，U_{tc} 某相同步电压缺失</td><td>同步信号输入回路出现故障</td></tr>
<tr><td>确定的某相脉冲通道故障</td><td>KC04 损坏，或者相应的电路通道故障</td></tr>
<tr><td>5</td><td>相序不正确，电压在小范围内可调，且波动</td><td>U_{ta}，U_{tb}，U_{tc} 同步输入线序错误</td><td>装接工艺错误</td></tr>
</table>

2）查找故障点，并修复故障

①断开电源，抽出触发板仔细观察，是否有元件损坏变色的痕迹，了解是否有故障发生时产生的声、光、味等异常现象，初步确定故障范围。

②将电源板插入对应位置，接通控制电路电源后，用示波器观察 221 ~ 226 线对地电压波形是否有双窄脉冲。若有双窄脉冲，用万用表交流电压 500 V 挡测量 216、217、218 线同步电压信号对地电压是否为 30 V。若有电压，应是同步电压输入相序错误，交换任意两根同步电压的接线。

③排除故障后，接通电源，在线调试运行。

四、评分标准

考核评分标准见表 2—9。

表 2—9　　考核评分标准表

序号	项目	分值	评分标准	得分
1	认知	15	1）能指出开环系统中主电路各部分元件的位置（5 分） 2）能指出开环系统中的给定触发电路的正确位置（5 分） 3）能指出继电控制电路中各器件的正确位置（5 分）	
2	接线	10	1）主电路接线正确（5 分） 2）控制电路板正确安装（5 分）	
3	调试	35	1）继电控制电路调试顺序正确（10 分） 2）能够按要求进行电源板的调试（5 分） 3）能够按要求进行调节板的调试（5 分） 4）能够按要求进行触发板的调试（5 分） 5）能够正确调试开环调速系统并使系统运行正常（10 分）	

续表

序号	项目	分值	评分标准	得分
4	故障检测和处理	30	1）能够正确分析主电路中随机设置的一处故障原因并排除故障（10 分） 2）能够正确分析电源板中随机设置的一处故障原因并排除故障（10 分） 2）能够正确分析触发板中随机设置的一处故障原因并排除故障（10 分）	
5	安全文明生产	10	1）劳动保护用品穿戴整齐（5 分） 2）保持环境整洁，秩序井然，遵守操作规程（5 分） 3）安全用电，无人为损坏元器件和设备（如发现学生在操作过程中有重大事故隐患时，要立即予以制止，并根据情况扣 10～40 分）	
指导教师评价			合计	

本章小结

开环直流调速系统是直流调速系统中最基本的调速系统，是闭环直流调速系统的基础。本章重点介绍了开环和闭环的概念、开环直流调速系统的组成及原理、开环机械特性、开环调速系统的稳态性能分析等。

1. 开环和闭环的概念和区别：开环和闭环的主要区别就在于闭环比开环多了检测反馈环节，而开环无反馈环节。

2. 开环直流调速系统的组成结构：由晶闸管可控整流电路、直流电动机、给定电位器、晶闸管触发电路、继电保护电路等组成。

3. 开环直流调速系统的工作原理：通过调节可调电位器的阻值，改变控制电压 U_c 就可改变触发电路脉冲的相位来改变控制角 α，从而改变整流电路的输出电压 U_d（即电动机的电枢电压），电动机的转速相应改变，从而达到调速的目的。

4. 开环机械特性分电流连续和电流断续两种情况。

5. 对自动控制系统的要求主要有三个方面：稳定性、快速性和准确性。

6. 调速系统的稳态性能指标主要指调速范围 D 和静差率 s，二者是相互制约的，其关系式为 $D=\dfrac{n_N s}{\Delta n_N(1-s)}$。在开环直流调速系统中，静差率和调速范围要求较高时，开环调速系统不能满足生产的需要。

7. 通过电力电子与电气传动实验台，介绍了开环直流调速系统的接线与调试步骤，以及在实验过程中需要注意的问题。通过实验数据，得出实验结论：开环直流调速系统属于调压调速，改变给定电位器的给定电压，调节电动机的转速；当电动机所接负载发生变化时，电动机的转速变化比较明显。

8. 通过直流调速柜，加强了对开环直流调速系统各组成部分的认识，并介绍了开环直流调速系统的安装接线、调试与故障排除的方法。

第三章

单闭环直流调速系统

开环系统具有设备简单、调试方便的特点，但其调速性能低，在调速范围和静差率要求较高的场合，不能满足生产的需要，因此需要采用闭环直流调速系统提高调速性能。闭环直流调速系统就是在开环直流调速系统的基础上增加了反馈比较环节，如图 3—1 所示。系统为了稳定输出，通常引入负反馈，即给定输入与反馈信号极性相反。从输出端检测反馈信号引入到输入端，与给定信号进行比较，通过比较后的偏差信号调节输出量，控制被控对象，提高系统的精度和稳定性。

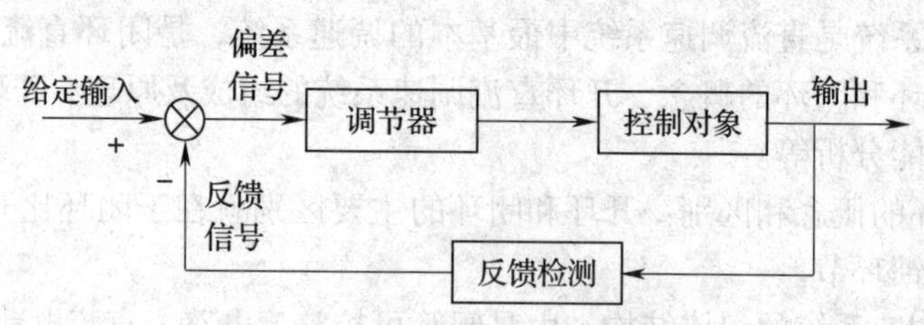

图 3—1　闭环调速系统的框图

闭环直流调速系统主要有两大类：单闭环直流调速系统和双闭环直流调速系统。单闭环直流调速系统是双闭环直流调速系统的基础，双闭环直流调速系统又是单闭环直流调速系统的改进和延伸。下面首先介绍单闭环直流调速系统，本章主要介绍的内容如图 3—2 所示。

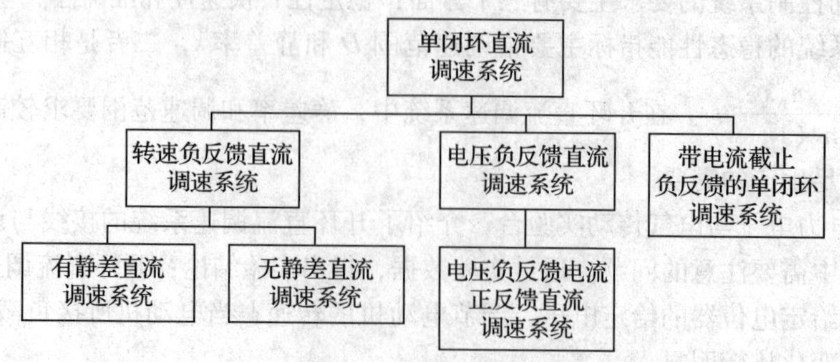

图 3—2　单闭环直流调速系统的分类

§3—1 转速负反馈单闭环直流调速系统

1. 掌握单闭环直流调速系统的结构及各组成部分的作用。
2. 掌握单闭环直流调速系统的工作原理及系统的自动调节原理。

直流调速系统的主要目的是去平稳调节并稳定所带直流电动机的转速。转速负反馈单闭环直流调速系统就是将直流电动机的转速作为被控量，引入负反馈，直接检测电动机的转速并将其转换为电信号反馈到给定输入端进行比较并调节，从而提高调速系统的性能。

一、闭环系统的组成及各部分的作用

转速负反馈直流调速系统的电路图如图 3—3 所示。系统主要由晶闸管整流装置、直流电动机、转速检测环节、比较放大电路等组成。闭环系统在开环系统的基础上增加了两个部分：转速检测环节和比较放大电路。

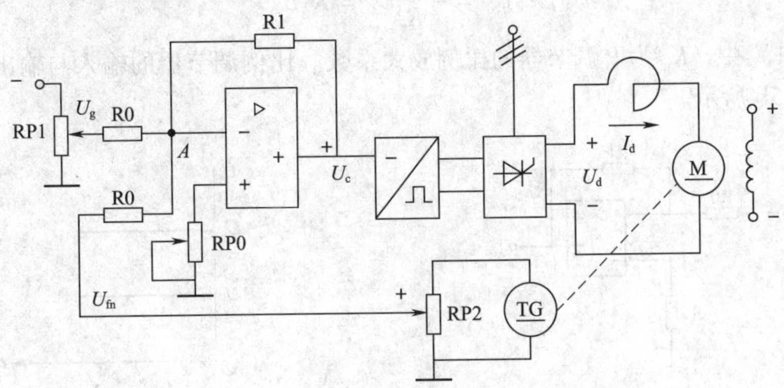

图 3—3 转速负反馈直流调速系统电路图

1. 转速检测环节

检测转速的设备有很多，常用设备有测速发电机和旋转编码器，如图 3—4 所示。测速发电机的转速输出是模拟量，其输出电压既可表示转速的大小，也可以表示转速的方向。测速发电机分为直流测速发电机和交流测速发电机两种。旋转编码器的转速输出是数字量，输出多为脉冲量，通过计数器输入到可编程逻辑控制器（PLC）或计算机进行控制，一般用于测速精度高、测速范围大的系统中。

a)

b)

图 3—4　转速检测设备

a）直流测速发电机　b）旋转编码器

在此系统中，转速反馈需要的是模拟量，因此采用直流测速发电机作为转速检测装置。测速检测环节的作用是将电动机转速转变为电压信号。在图 3—3 中，TG 为与直流电动机同轴相连的测速发电机，产生与电动机转速 n 成正比的电压信号，经过可调电阻 RP2 分压后产生测速反馈电压 U_{fn}。测速反馈信号 U_{fn} 与电机转速 n 成正比，$U_{fn}=\alpha n$，α 称为转速反馈系数。

2. 比较放大电路

比较放大电路采用的是由集成运算放大器构成的比例调节器（也称为 P 调节器），如图 3—5a 所示，其输出信号与输入信号成比例关系：

$$U_o = -\frac{R_1}{R_0}U_i = K_p U_i \tag{3—1}$$

式（3—1）中，K_p 为 P 调节器的比例放大系数。比例调节器的输入与输出信号的关系曲线如图 3—5b 所示。

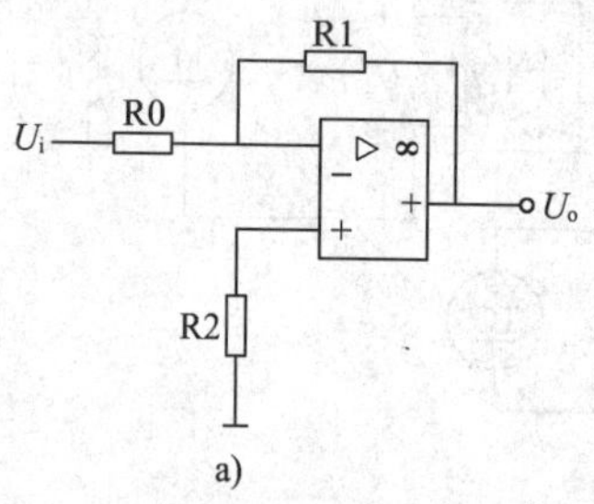

a)

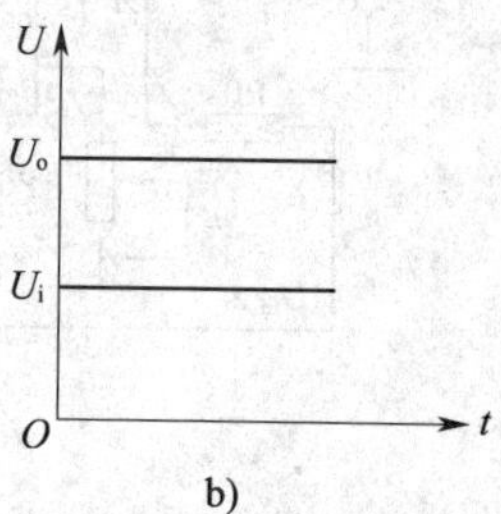

b)

图 3—5　比例调节器

a）比例调节器原理图　b）比例调节器输入—输出特性曲线

在转速负反馈系统中，调节器的输入端通常有两个输入信号，一个是来自给定电位器的给定电压 U_g，另一个是来自测速发电机的转速反馈电压 U_{fn}，两个信号并联输入到调节器，构成反相加法运算电路，进行信号的比较与放大，如图 3—6 所示。调节器的输出电压 U_c 为：

$$U_c = -\frac{R_1}{R_0}(U_g - U_{fn}) = K_p(U_g - U_{fn}) = K_p\Delta U$$

为了稳定电动机的转速，转速负反馈调速系统引入负反馈。给定电压 U_g 与反馈电压 U_{fn} 的极性相反，如 U_g 为负电压，U_{fn} 为正电压，$\Delta U = U_g - U_{fn}$ 为给定信号与反馈信号的差值。

如图 3—3 所示，给定电位器的给定电压 U_g 与转速检测的反馈电压 U_{fn} 一起送到运算放大器的反向输入端，比较后产生偏移电压 ΔU，经过比例调节器产生控制电压 U_c，从而调节触发电路的控制角 α，进而控制可控整流电路的输出电压 U_d，最终实现对电动机转速 n 的调节。由于系统中的调节器是用来调节并稳定直流电动机的转速，因此也将此调节器称为速度调节器或转速调节器。

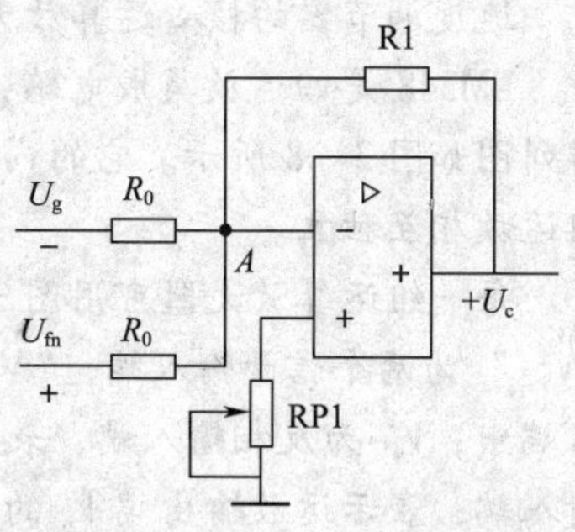

图 3—6　两个输入的比例调节器

速度调节器

速度调节器的功能是对给定和反馈两个输入量进行加法、减法、比例、积分和微分等运算，使其输出按某一规律变化。速度调节器由运算放大器、输入与反馈环节及二极管限幅环节组成。如图 3—7 所示，1、2、3 端为信号输入端，二极管 VD1 和 VD2 起运放输入限幅作用，保护运放。二极管 VD3、VD4 和电位器 RP1、RP2 组成正负限幅可调的限幅电路。由 C1、R3 组成的微分反馈校正环节，有助于抑制振荡，减少超调。运算放大器的反馈电路中接有 R7、C5，将 C5 短接，该调节器便构成比例调节器；改变 R7 的阻值可改变其放大倍数。RP3 为调零电位器。

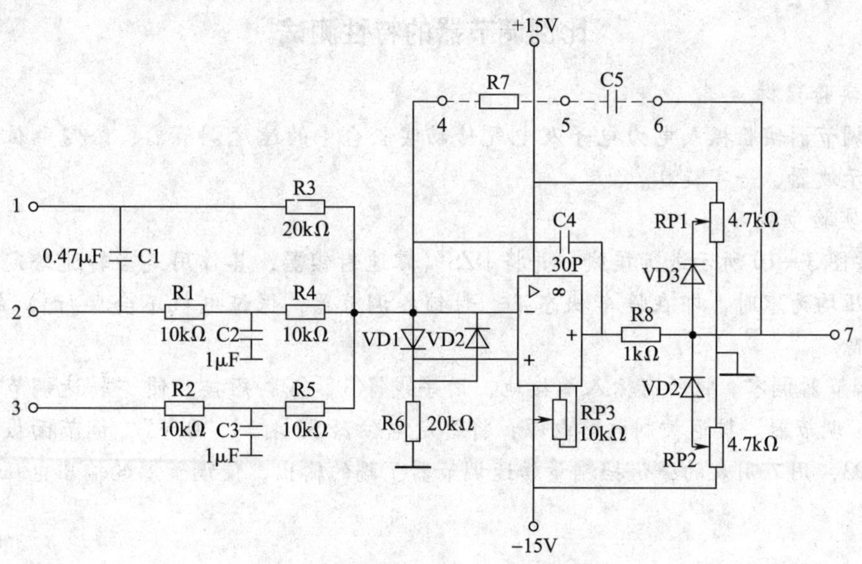

图 3—7　速度调节器实用电路图

速度调节器的核心运算放大器可采用集成运算放大器 LM348 芯片。

LM348 是四运放集成电路，它采用 14 脚双列直插塑料封装（DIP－14），LM 348 的引脚排列图如图 3—8 所示。它的内部包含四组形式完全相同的运算放大器，除电源共用外，四组运放相互独立。

每一组运算放大器可用图 3—9 所示的图形符号来表示，它有 5 个引出脚，其中“V_{i+}”“V_{i-}”为两个信号输入端，“V＋”“V－”为正、负电源端，“V_o”为输出端。两个信号输入端中，V_{i-} 为反相输入端，表示运放输出端 V_o 的信号与该输入端的相位相反；V_{i+} 为同相输入端，表示运放输出端 V_o 的信号与该输入端的相位相同。

由于 LM 348 四运放电路具有电源电压范围宽、静态功耗小、可单电源使用、价格低廉等优点，因此被广泛应用在各种电路中。

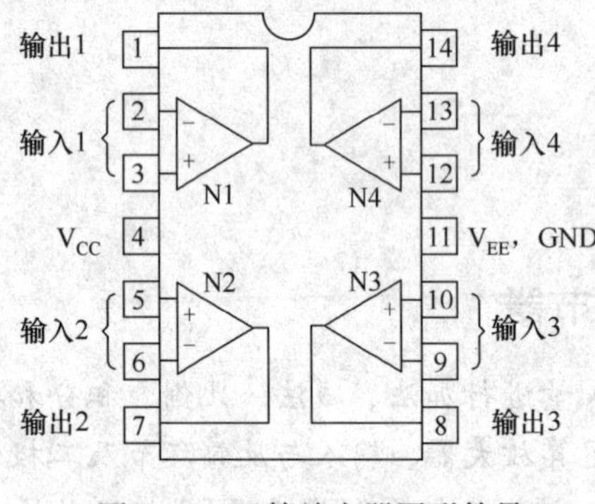

图 3—8　运算放大器图形符号

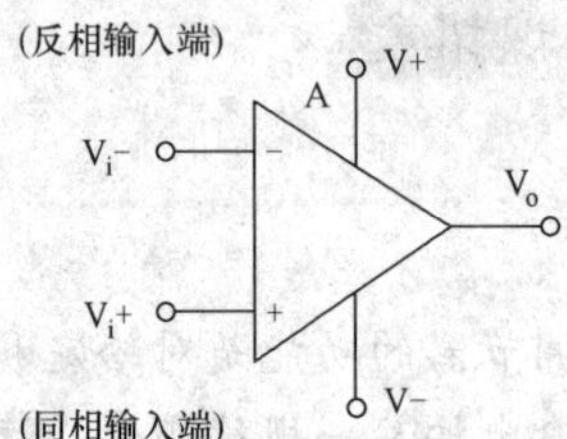

图 3—9　LM348 引脚排列图

比例调节器的特性测试

（1）实验器材

比例调节器实验板或电力电子及电气传动实验台中的速度调节器、给定电位器、电压表、双踪示波器、一字旋具。

（2）实验步骤

1）按图 3—10 所示进行接线，并将 DZS（零速封锁器，其作用是当转速给定电压和转速反馈电压均为零时，即在停车状态下，封锁各调节器，保证电机不会爬行。）的开关 S2 打到“解除”。

2）调节器调零。将所有输入端接地，用导线将⑤、⑥脚短接，使“转速调节器”成为 P（比例）调节器。接通控制电路电源，将给定电位器 S2 打到“0 V”，调节面板上的调零电位器 RP3，用万用表的毫伏挡测量转速调节器⑦端的输出，使调节器的输出电压尽可能接近于零。

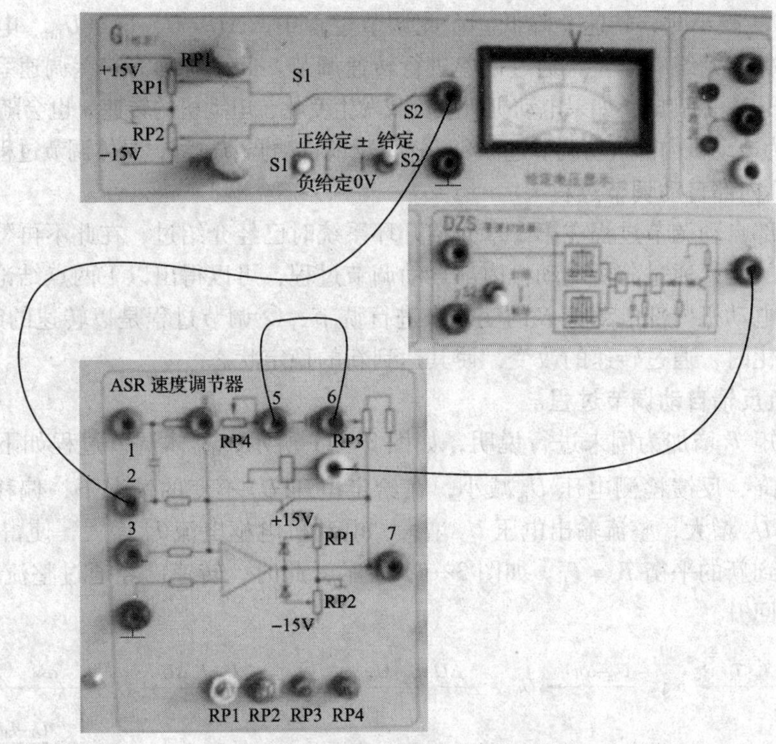

图 3—10　比例调节器的实验电路接线图

3）调整输出正、负限幅值。将给定电位器的给定输出端接到转速调节器的①端，并将给定电位器的开关 S2 打到“±给定”，S1 打到“正给定”。增大正给定达到最大，调整负限幅电位器 RP2，观察调节器输出负电压的变化。当调节器输入端加负给定时，调整正限幅电位器 RP1，观察调节器输出正电压的变化。

4）测定输入输出特性。将给定电位器 S2 打到“±给定”，将 S1 打到“负给定”，调节电位器 RP2，逐渐增加给定电压，用万用表观察比例调节器的输入端①脚和输出端⑦脚的电压变化，直至输出限幅，记录并画出曲线，得出结论。

在调节器的输入端逐渐加正电压，重复上述操作。

5）调节比例调节器中的电位器 RP4，重复第 4）步，观察比例调节器输入和输出的变化，对比第 4）步的结果，得出结论。

（3）实验演示结论

比例调节器的输出电压与输入电压成正比，极性相反，增大反馈电阻 RP4 的阻值，比例放大系数变大。

二、转速负反馈单闭环调速系统的工作原理

在图 3—3 中，通过调节给定电位器 RP1，改变给定电压 U_g，即可调节直流电动机的转速。当 U_g 增大时，直流电动机的转速 n 升高。其具体调节过程如下：

$$U_g\uparrow \longrightarrow \Delta U\uparrow \longrightarrow U_c\uparrow \longrightarrow \alpha\downarrow \longrightarrow U_d\uparrow \longrightarrow n\uparrow$$

反之，当 U_g减小时，转速 n 降低。在此调节过程中，$\Delta U \neq 0$，$U_g \neq U_{fn}$，电动机转速反馈值与给定目标值始终有偏差，通过偏差进行转速调节。此系统为有静差调速系统。

当给定电压 U_g 不变时，如果电动机所接负载发生变化，电动机的转速 n 也会随之发生变化。其调节过程分为电动机内部自动调节过程和转速负反馈自动调节过程，具体调节过程如下：

1. 电动机内部自动调节过程

电动机内部自动调节过程在第二章介绍开环系统时已经介绍过，在此不再赘述。

值得一提的是，通过分析电动机内部自动调节过程，可以得出以下两点结论：①此调节过程主要通过电动机内部电动势 E 的变化来进行调节；②调节过程是以转速的改变为前提，当负载发生变化时，通过转速的改变，使其达到新的稳定状态。

2. 转速负反馈自动调节过程

以负载转矩 T_L增加为例来进行说明，如图 3—11 所示，具体调节过程如下：当负载增加时，转速下降，反馈检测电压 U_{fn}减小，在给定电压 U_g 不变的情况下，偏移电压 ΔU 增大，控制电压 U_c 增大，整流输出电压 U_d 增大，电动机电枢电流 I_d 增大，使得负载转矩 T_e 增大，从而达到新的平衡 $T_e = T_L$。如图 3—11 所示，此时，转速已经通过整流输出电压 U_d 的增大而有所回升。

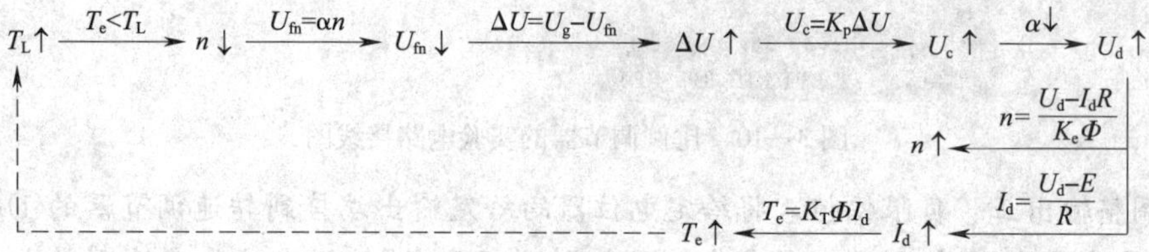

$T_L\uparrow$ $\xrightarrow{T_e<T_L}$ $n\downarrow$ $\xrightarrow{U_{fn}=\alpha n}$ $U_{fn}\downarrow$ $\xrightarrow{\Delta U=U_g-U_{fn}}$ $\Delta U\uparrow$ $\xrightarrow{U_c=K_p\Delta U}$ $U_c\uparrow$ $\xrightarrow{\alpha\downarrow}$ $U_d\uparrow$

$n\uparrow$ $\xleftarrow{n=\frac{U_d-I_dR}{K_e\Phi}}$

$T_e\uparrow$ $\xleftarrow{T_e=K_T\Phi I_d}$ $I_d\uparrow$ $\xleftarrow{I_d=\frac{U_d-E}{R}}$

图 3—11　转速负反馈环节自动调节过程

在转速负反馈调速系统中，当负载变化时电动机的转速也跟着变化，其根本原因是由于电枢回路电压降的变化。根据对转速负反馈调速系统的调节过程分析，如图 3—12 所示，当负载增大时，为了达到新的平衡，电动机的电磁转矩 T_e要增大，即电动机的电枢电流 I_d要增大，由于系统中有电枢回路总电阻的存在，使得电枢电阻的压降 I_dR 升高，同时电动机的电动势 E 减小，转速下降。为了提高电动机的转速，使转速受负载变化的影响减小，引入了转速负反馈，通过检测转速的降低，增大了偏差电压 ΔU，提高整流输出电压 U_d，减小电枢电阻压降升高对转速带来的影响，进而提高电动机的电动势 E，使得电动机的转速在下降后又有所回升。

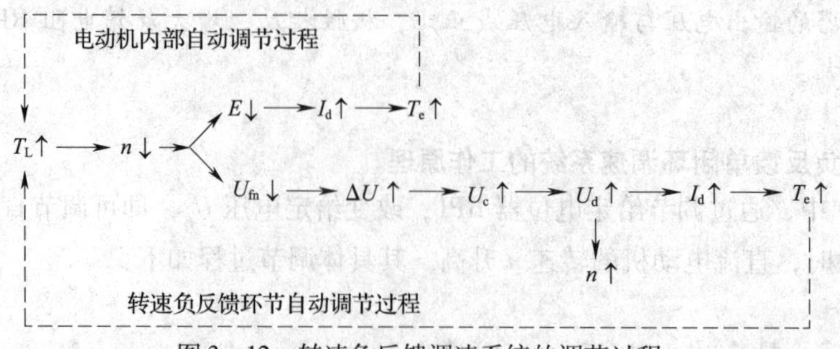

图 3—12　转速负反馈调速系统的调节过程

通过以上分析，可以得到以下几点结论：①转速负反馈自动调节过程依靠偏差电压 ΔU 来进行调节；②这种系统是以存在偏差为前提的，反馈环节只是检测偏差，减小偏差，而不能消除偏差，因此它是有静差调速系统；③经转速负反馈调整稳定后的转速将低于原来的转速。

当负载转矩减小时，闭环系统的自动调节过程又是怎样的？

三、闭环系统的性能分析

1. 转速负反馈直流调速系统静特性方程（即转速公式）

转速负反馈直流调速系统中各环节的稳态关系如下：

电压比较环节：$\Delta U = U_g - U_{fn}$

比例放大电路：$U_c = K_p \Delta U$

晶闸管整流装置：$U_{d0} = K_s U_c$

转速检测环节：$U_{fn} = \alpha n$

调速系统开环机械特性：

$$n = \frac{U_{d0} - I_d R}{C_e} = \frac{K_s K_p U_g}{C_e} - \frac{I_d R}{C_e} = n_{0op} - \Delta n_{op} \qquad (3—2)$$

闭环系统静特性：

$$n = \frac{U_a - I_a R}{K_e \Phi} = \frac{U_d - I_d R}{K_e \Phi} \Rightarrow$$

$$n = \frac{K_p K_s U_g - I_d R}{C_e(1+K)} = \frac{K_p K_s U_g}{C_e(1+K)} - \frac{I_d R}{C_e(1+K)} = n_{0cl} - \Delta n_{cl} \qquad (3—3)$$

式中　C_e——电动机环节放大系数，$C_e = \frac{E}{n}$（$=K_e \Phi_N$，电动机在额定磁通下的电动势系数）；

K_p——比例调节器放大倍数；

K_s——晶闸管整流装置的电压放大系数；

U_{d0}——晶闸管整流装置的理想空载输出电压；

α——转速反馈系数；

K——闭环系统开环放大倍数，$K = \frac{K_p K_s \alpha}{C_e}$（相当于在结构图 3—13 中将反馈线断开，从调节器输入到测速反馈输出的各环节放大系数之积）；

R——电枢回路总电阻；

n_{0op}——开环系统理想空载转速，$n_{0op} = \frac{K_s K_p U_g}{C_e}$；

Δn_{op}——开环系统转速降，$\Delta n_{op}=\dfrac{I_d R}{C_e}$；

n_{0cl}——闭环系统理想空载转速，$n_{0cl}=\dfrac{K_p K_s U_g}{C_e\ (1+K)}$；

Δn_{cl}——闭环系统转速降，$\Delta n_{cl}=\dfrac{I_d R}{C_e\ (1+K)}$。

根据上面的分析，可以得到转速负反馈闭环直流调速系统的静态结构图，如图 3—13 所示。

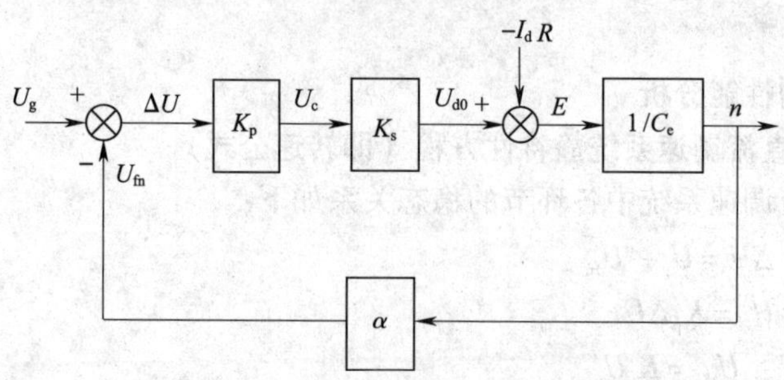

图 3—13 转速负反馈闭环直流调速系统稳态结构图

2. 开环系统机械特性和闭环系统静特性的关系

（1）闭环系统静特性可以比开环系统机械特性硬得多

在相同的负载扰动下，开环转速降 Δn_{op} 与闭环转速降 Δn_{cl} 之间的关系为：

$$\Delta n_{cl}=\frac{\Delta n_{op}}{1+K}$$

增加转速负反馈后，闭环调速系统的转速降减小为开环时的 $1/(1+K)$ 倍，使其特性曲线变硬，如图 3—14 所示。

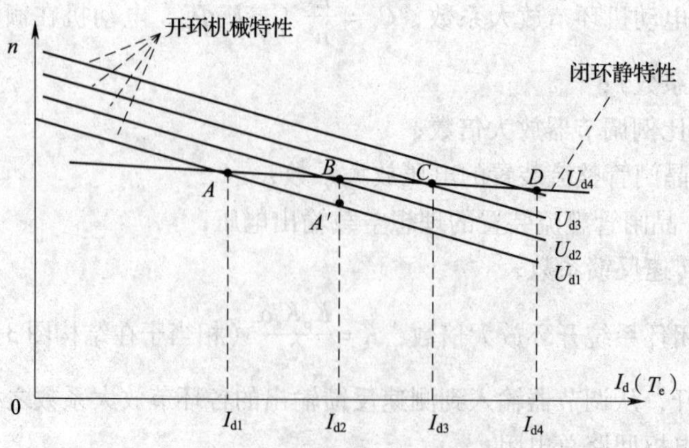

图 3—14 闭环系统静特性和开环机械特性的关系

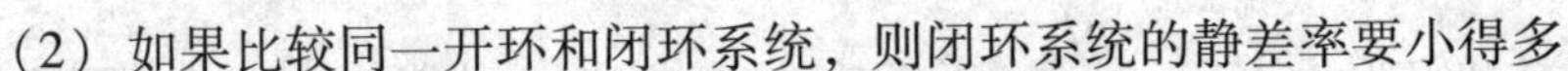

（2）如果比较同一开环和闭环系统，则闭环系统的静差率要小得多

如果使系统开环和闭环的理想空载转速相等（即 $n_{0op}=n_{0cl}$），开环系统的静差率 s_{op} 与闭环系统的静差率 s_{cl} 之间的关系为：

$$s_{cl}=\frac{s_{op}}{1+K}$$

闭环调速系统的静差率减小为开环时的 1 /（1 + K）倍。前已述及，静差率是用来衡量调速系统在负载变化时转速的稳定度，静差率越小，转速的稳定度越高，因此，闭环调速系统转速受负载的影响要比开环调速系统小，如图 3—14 所示。

（3）当要求的静差率一定时，闭环系统可以大大提高调速范围

如果电动机的最高转速都是 n_{max}，而对最低速静差率的要求相同，那么开环系统的调速范围 D_{op} 与闭环系统的调速范围 D_{cl} 之间的关系为：

$$D_{cl}=(1+K)D_{op}$$

在静差率要求相同的情况下，闭环调速系统的调速范围增大为开环时的（1 + K）倍。

（4）要获得以上三项优势，闭环系统必须设置放大器

通过设置比例调节器，调节 K_p 的大小，使得放大倍数 K 足够大。

闭环调速系统能够减少稳态速降的实质在于它的自动调节作用，即它能随着负载的变化而相应地改变电枢电压，以补偿电枢回路电阻压降的变化。如图 3—14 所示，开环调速系统当负载增加时，转速降低比较明显，而闭环调速系统当负载增加时，转速下降后又有所回升。例如，当负载电流 I_d 由 I_{d1} 增大为 I_{d2} 时，若为开环系统，则转速从 A 点下降到 A' 点；若为闭环系统，则转速从 A 点先下降到 A' 点，再通过提升整流输出电压 U_{d1} 到 U_{d2}，使转速又回升到 B 点，从而减少了转速降。

【例 3—1】　在例 2—2 中，龙门刨床要求 $D=20$，$s<5\%$，已知 $K_s=30$，$\alpha=0.15\ \text{V}\cdot\text{min/r}$，$C_e=0.2\ \text{V}\cdot\text{min/r}$，应如何采用闭环系统满足此要求？

解：前面已经求得 $\Delta n_{op}=275\ \text{r/min}$，但为了满足调速要求，须有：

$$\Delta n_{cl}=2.63\ \text{r/min}$$

由式 $\Delta n_{cl}=\dfrac{\Delta n_{op}}{1+K}$ 可得：

$$K=\frac{\Delta n_{op}}{\Delta n_{cl}}-1\geqslant\frac{275}{2.63}-1=103.6$$

代入已知参数，则得：

$$K_p=\frac{K}{K_s\alpha/C_e}\geqslant\frac{103.6}{30\times0.015/0.2}=46$$

即只要放大器的放大系数等于或大于 46，闭环系统就能满足所需的稳态性能指标。

结论：闭环调速系统可以获得比开环调速系统硬得多的稳态特性，从而在保证一定静差率的要求下，能够提高调速范围，但须增设比较放大电路以及转速检测反馈装置。

3. 闭环系统的基本特性

转速负反馈单闭环直流调速系统是一种最基本的反馈控制系统，其具有三个基本特征：

（1）由比例调节器构成有静差调速系统，利用偏差进行控制和调节转速

闭环调速系统的转速降为$\Delta n_{cl}=\frac{RI_d}{C_e(I+K)}$，只有当$K=\infty$时，才能使$\Delta n_{cl}=0$，而这是不可能的。因此，转速降$\Delta n_{cl}\neq 0$，静差率$s=\frac{\Delta n_{Ncl}}{n_{0cl}}\times 100\%\neq 0$。当负载发生变化时，转速会发生变化，这样的调速系统称为有静差调速系统。实际上，闭环调速系统正是依靠偏差电压进行控制和调节转速的。

（2）转速跟随给定变化，闭环系统能够抑制包围在负反馈环内的前向通道上的所有扰动

闭环调速系统中的给定电压U_g和反馈电压U_{fn}相比较，对于给定电压的微小变化，都会直接引起相应的电动机转速的变化。通过改变给定电压U_g的大小来调节电动机的转速n。在给定电压保持不变时，所有作用在系统中引起转速变化的因素都称为“扰动”，如图3—15所示。负载的变化、交流电源电压的波动、电动机励磁的变化、放大器放大系数的漂移、温升引起主电路回路电阻的增大等所有这些扰动对转速的影响，都会被转速检测装置检测出来，再通过负反馈的控制调节作用，减小它们对电动机转速的影响。转速负反馈单闭环调速系统具有良好的抗干扰性能，它能有效地抑制一切被负反馈环所包围的前向通道上的扰动作用。

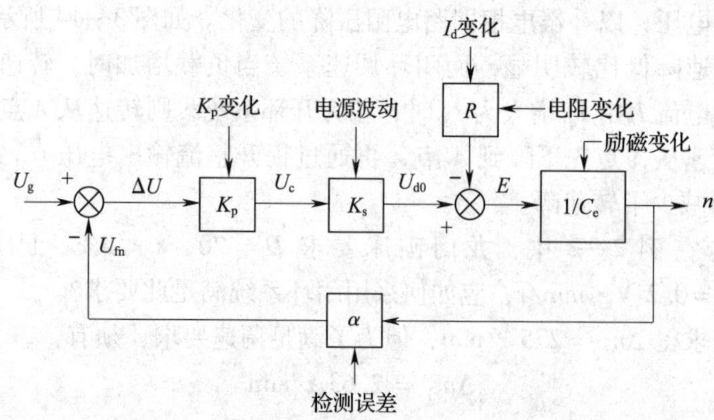

图3—15　闭环调速系统的给定作用和扰动作用

（3）闭环系统的精度受到给定和反馈检测环节精度的影响

如果给定电源发生波动，则电动机转速也要跟着变化，相当于调节了给定电压。闭环调速系统无法区分是给定电源的波动，还是正常给定电压的调节。因此，高精度的闭环调速系统需要有高精度的给定稳压电源。

转速反馈检测环节本身带来的误差是闭环系统无法克服的。这种误差和转速的偏差是很难区分开的。当电动机转速没有变化时，如果由于直流测速发电机的励磁发生了变化，或由于制造工艺的影响等，引起反馈电压U_{fn}发生变化，通过闭环系统的调节作用，就会使电动机的转速发生变化，出现速度的波动。因此，反馈检测环节的精度对闭环调速系统的精度来说起着决定性的作用。所以，高精度的闭环调速系统还必须要有高精度的转速检测元件作为保证。

§3—2　转速负反馈单闭环无静差直流调速系统

1. 掌握无静差直流调速系统的结构及 PI 调节器的作用。
2. 掌握无静差直流调速系统的工作原理及系统的自动调节原理。

采用比例（P）调节器控制的直流调速系统是有静差的调速系统，它还存在系统精度与稳定性的矛盾。采用比例调节器控制必然要产生静差，K_p越大，静差率越小，系统的精度越高；但 K_p过大，偏差信号 ΔU 微小的变化，会引起电动机转速较大的波动，从而降低系统的稳定性。

进一步分析静差产生的原因。由于采用比例调节器，转速调节器的输出为 $U_c = K_p\Delta U$。若 $U_c \neq 0$，电动机正常运行，即$\Delta U \neq 0$；若$\Delta U = 0$，$U_c = 0$，电动机将停止运转。因而系统必须存在偏差，并利用偏差进行控制和调节转速。

要想减小偏差或消除偏差，进一步提高系统的精度，同时保证系统的稳定性，就要采用积分（I）调节器或比例积分（PI）调节器代替比例调节器，构成无静差直流调速系统。

一、积分调节器及其特点

1. 积分调节器

如图 3—16a 所示，由运算放大器可构成一个积分电路，其输出电压 U_o与输入电压 U_i的关系为：

$$U_o = -\frac{1}{R_0C}\int U_i\mathrm{d}t = -\frac{1}{\tau}\int U_i\mathrm{d}t$$

式中，$\tau = R_0C$ 称为积分时间常数。积分调节器的输出电压 U_o与输入电压 U_i对时间的积分成正比，且极性相反。

根据电路分析，当输入为阶跃信号时，输出电压 $U_o = -\frac{U_i}{\tau}t$，输出电压 U_o随时间线性增加，直至达到饱和值为止。积分调节器的特性如图 2—16b 所示。

2. 转速积分控制的特点

如果采用积分调节器，则控制电压 U_c是转速偏差电压ΔU 的积分，如果ΔU 是阶跃函数，则 U_c按线性规律增长，每一时刻 U_c的大小和ΔU 与横轴所包围的面积成正比，如图 3—17a 所示。

图 3—17b 绘出的ΔU 是当负载发生变化时偏差电压的波形，按照ΔU 与横轴所包围面积的正比关系，可得相应的 U_c曲线，图中ΔU 的最大值对应于 U_c的拐点。

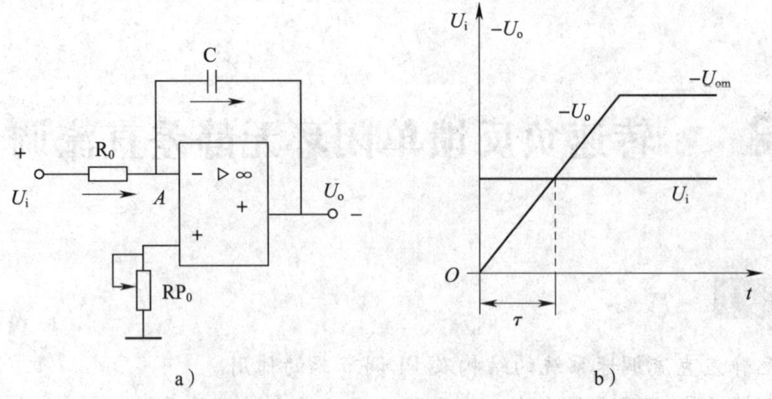

图 3—16　积分调节器

a）积分调节器原理图　b）阶跃输入时的输出特性

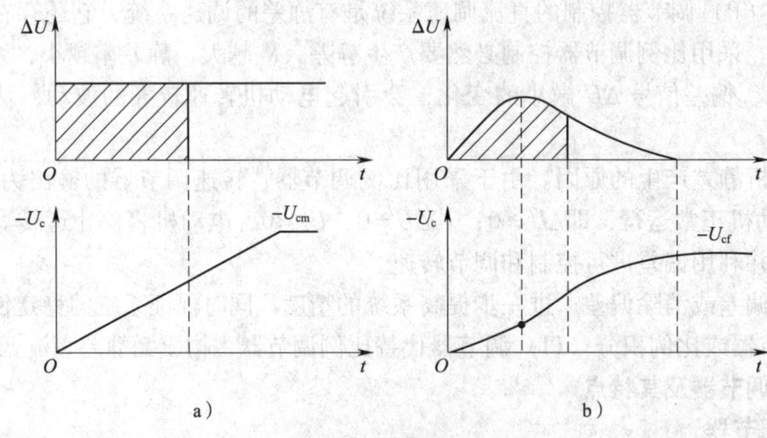

图 3—17　积分调节器的输入—输出特性

a）阶跃输入　b）负载变化时

因此，当ΔU变化时，只要其极性不变，即只要仍是$U_g>U_{fn}$，积分调节器的输出U_c便一直增长；只有达到$U_g=U_{fn}$，$\Delta U=0$时，U_c才停止积分；当$\Delta U=0$时，U_c并不是零，而是一个终值U_{cf}；如果ΔU不再变化，此终值便保持恒定不变，这就是积分控制的特点。

采用积分调节器，当电动机的转速与给定转速一致时，闭环系统仍有控制信号，从而保持系统稳定运行，能实现无静差调速，这是积分控制的最大优点。

3. 比例调节器与积分调节器的特点比较

在有静差调速系统中，采用比例调节器，当负载转矩由T_{L1}突增到T_{L2}时，有静差调速系统的转速n、偏差电压ΔU和控制电压U_c的变化过程如图 3—18 所示。无静差调速系统中采用积分控制后，由于积分的作用，只要有偏差电压ΔU，控制作用就存在，当达到稳定时，必然有$\Delta U=0$的结果。如图 3—19 所示，当负载突增时，引起转速降并产生ΔU，达到新的稳态时，ΔU又恢复为零，但U_c已从U_{c1}上升到U_{c2}，使电枢电压由U_{d1}上升到U_{d2}，以克服负载电流增加的压降。在这里，U_c的改变并非仅仅依靠ΔU本身，而是依靠ΔU在一段时间内的积累。虽然稳定后$\Delta U=0$，但只要历史上有过ΔU，其积分就有一定数值，足以产生稳态运行所需要的控制电压U_c。积分调节器和比例调节器的根本区别就在于此。

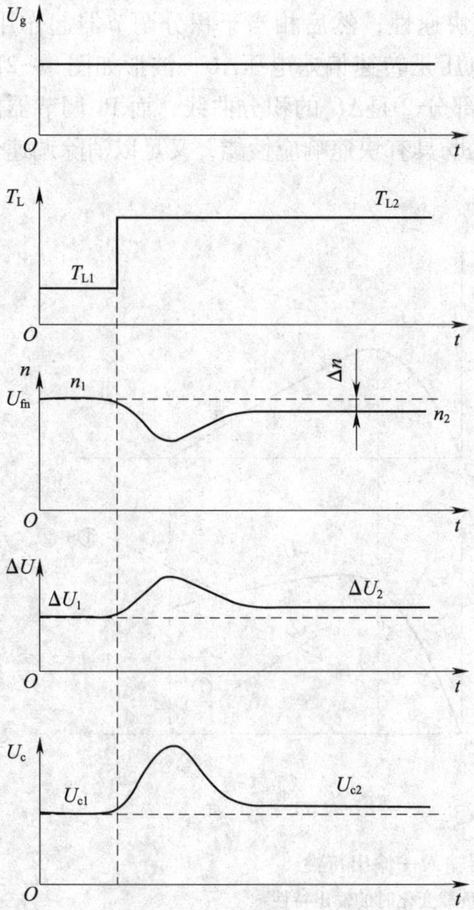

图 3—18　有静差调速系统突加负载过程 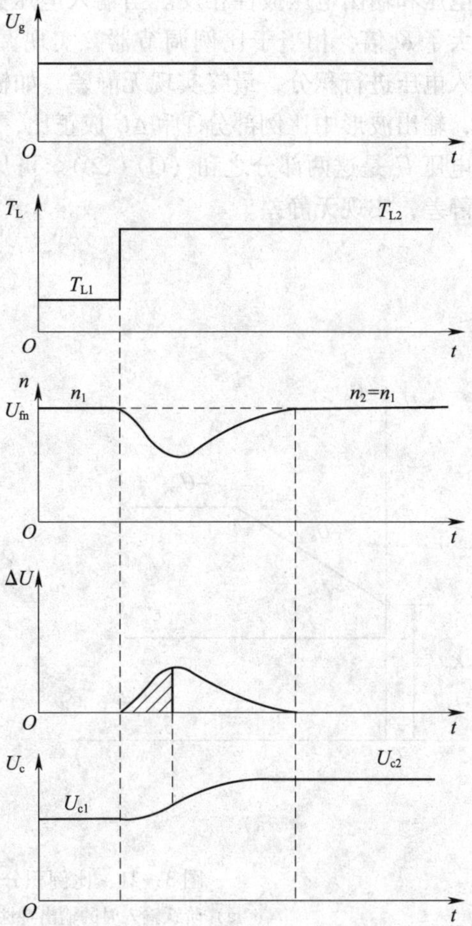　　图 3—19　积分控制的无静差调速系统突加负载过程

总之，比例调节器的输出只取决于输入偏差量的现状；而积分调节器的输出则包含了输入偏差量的全部历史。

二、比例积分调节器

前面从无静差的角度突出地表明了积分调节器优于比例调节器，但是另一方面，在控制的快速性上，积分调节器却又不如比例调节器。在同样的阶跃输入作用之下，比例调节器的输出可以立即响应，而积分调节器的输出只能逐渐地变化。

可用运算放大器构成比例积分调节器，其电路如图 3—20 所示，输入电压与输出电压的关系为：

$$U_o = -\frac{R_1}{R_0}U_i - \frac{1}{R_0C_1}\int U_i dt = -K_pU_i - \frac{1}{\tau}\int U_i dt$$

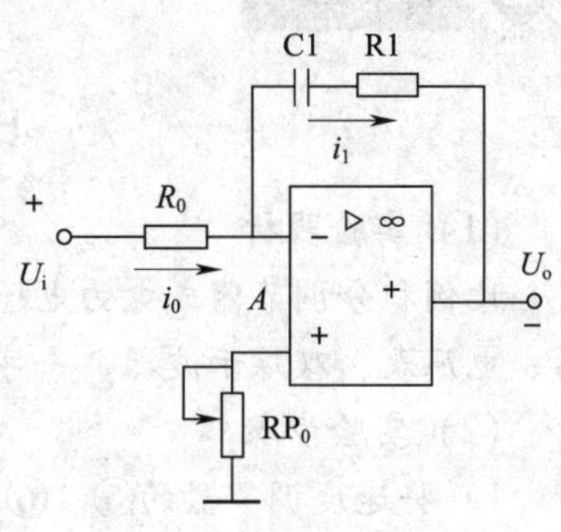

图 3—20　比例积分调节器

PI 调节器的输出电压由比例和积分两部分叠加而成，

输入电压和输出电压极性相反。当输入电压是阶跃信号时，如图 3—21a 所示，输出电压瞬间放大了 K_p倍，相当于比例调节器，实现调节的快速性；然后相当于积分调节器起作用，对输入电压进行积分，最终实现无静差。如输入电压是转速偏差电压ΔU，波形如图 3—21b 所示，输出波形中比例部分①和ΔU 成正比，积分部分②是ΔU 的积分曲线，而 PI 调节器的输出电压 U_c是这两部分之和（①+②）。可见，U_c既具有快速响应性能，又足以消除调速系统的静差，实现无静差。

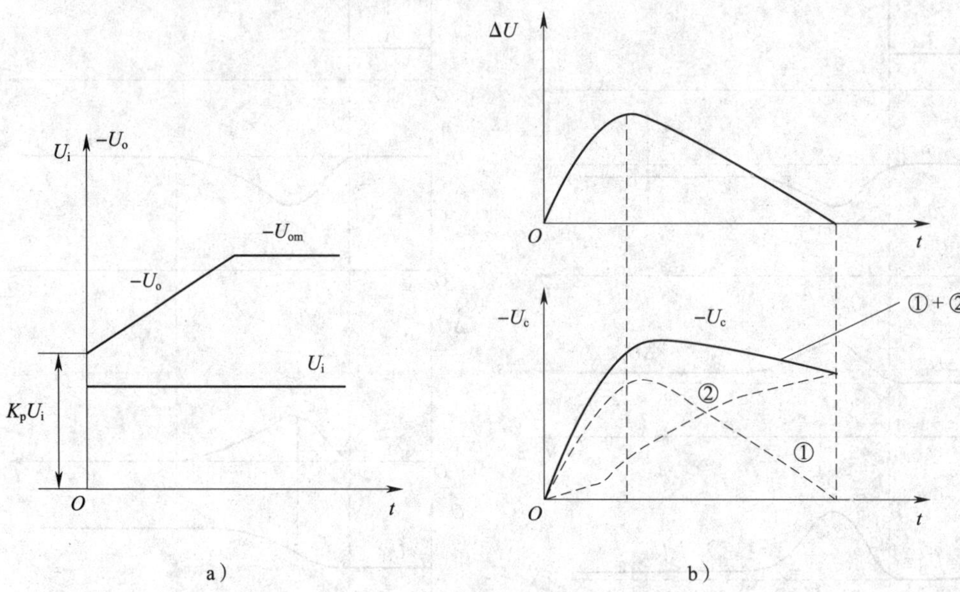

图 3—21　比例积分调节器输入—输出特性

a）阶跃输入时的输出特性　b）负载变化时的输出特性

比例积分调节器综合了比例调节器和积分调节器的优点，又克服了各自的缺点，比例部分能提高系统的响应速度，积分部分则可以消除偏差，实现无静差。

比例积分调节器的特性测试

（1）实验器材

比例积分调节器或电力电子及电气传动实验台中的速度调节器、给定电位器、可调电容器、电压表、双踪示波器、一字旋具。

（2）实验步骤

1）将速度调节器的⑤、⑥脚接入 7 μF 可调电容器，使调节器成为 PI 调节器，其实验接线如图 3—22 所示。

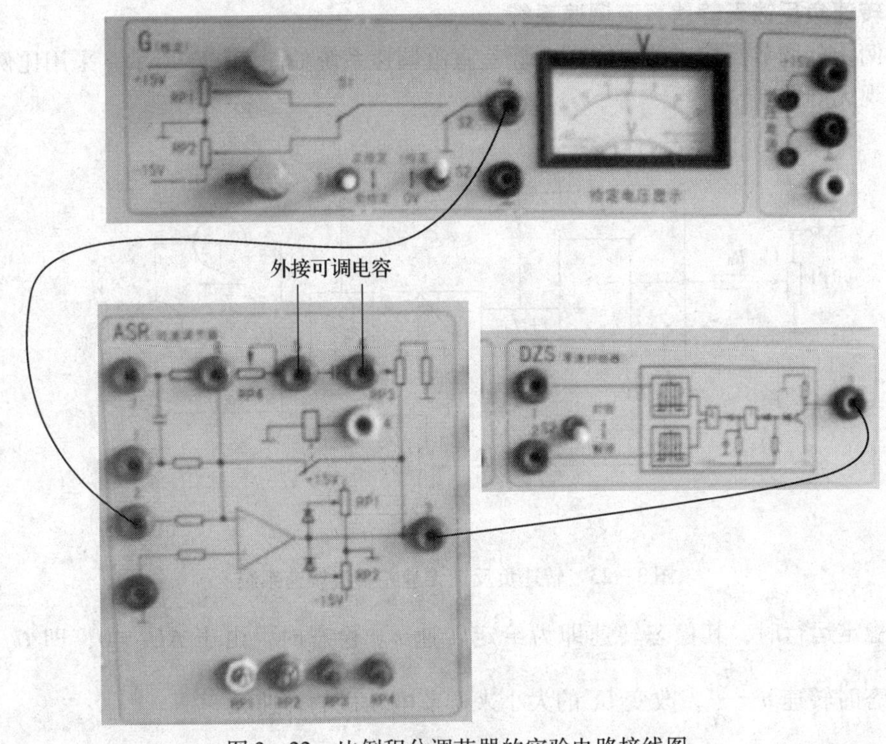

图 3—22　比例积分调节器的实验电路接线图

2）调节器调零。其方法与比例调节器调零方法相同，将所有输入端接地，用导线将⑤、⑥脚短接，使“转速调节器”成为 P 调节器。接通控制电路电源，将给定电位器 S2 打到“0 V”，调节面板上的调零电位器 RP3，用万用表的毫伏挡测量转速调节器⑦端的输出，使调节器的输出电压尽可能接近于零。

3）调整输出正、负限幅值。将给定电位器的给定输出端接到转速调节器的①端，并将给定电位器的开关 S2 打到“±给定”，S1 打到“正给定”。当加一定的正给定时，调整负限幅电位器 RP2，使之输出电压为负限幅值 −5 V；当调节器输入端加负给定时，调整正限幅电位器 RP1，使速度调节器的输出为正限幅 +5 V。

4）测定输入输出特性。调节给定电位器，将 S1 打到“负给定”，S2 打到“0 V”，调节电位器 RP2，用万用表测量 PI 调节器的输入端①脚的电压，并记录。然后突加给定电压（将 S2 打到“±给定”），用万用表或示波器观察 PI 调节器的输出端⑦脚的电压变化，直至输出限幅，并记录、画出曲线，分析得出结论。

5）改变 PI 调节器中的电位器 RP4，重复第 4）步，观察 PI 调节器输入和输出的变化，对比第 4）步的结果，得出结论。

6）改变 PI 调节器中的电容的大小，重复第 4）步，观察 PI 调节器输入和输出的变化，对比第 4）步的结果，得出结论。

（3）实验演示结论

PI 调节器的输出电压对输入电压先进行比例放大，再进行时间的积累，同时极性相反，其变化曲线与图 3—21a 相同。

三、转速负反馈无静差直流调速系统

由比例积分调节器构成的单闭环无静差直流调速系统如图 3—23 所示，采用比例积分调节器以实现无静差。

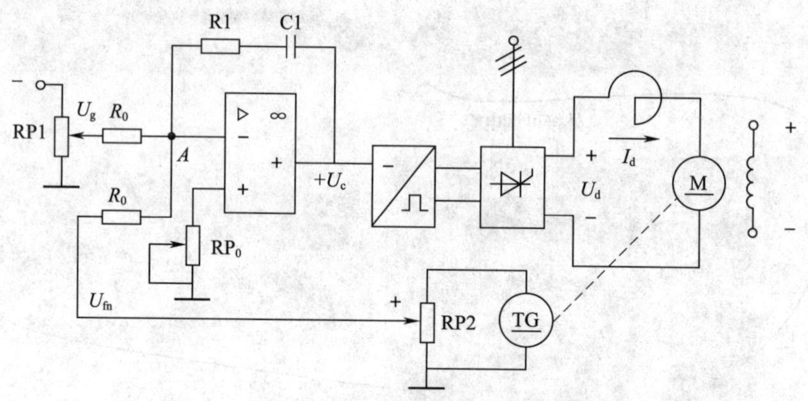

图 3—23　转速负反馈无静差直流调速系统

系统稳定运行时，其稳态转速即为给定转速 n。稳态时，由于 $\Delta U_i=0$，即 $U_g=U_{fn}=\alpha n$，故稳态时转速 $n=\dfrac{U_g}{\alpha}$，改变 U_g 的大小来调节电动机的转速 n。

当负载增大时，电动机的电磁转矩小于负载转矩，电动机的转速下降，转速检测反馈电压小于给定电压，使得 $\Delta U_i<0$，系统自动调节过程如图 3—24 所示。

$T_L\uparrow \longrightarrow n\downarrow \longrightarrow U_{fn}\downarrow \longrightarrow \Delta U_i\uparrow \longrightarrow U_c\uparrow \longrightarrow \alpha\downarrow \longrightarrow U_d\uparrow \longrightarrow n\uparrow$

直到 $U_g=U_{fn}$（$\Delta U_i=0$）

$\Delta U_i\downarrow$

图 3—24　转速负反馈无静差直流调速系统自动调节过程

图 3—25 所示为负载变化时系统的调节过程曲线。在调节过程中，比例调节器的作用如图中曲线①所示，积分调节器的作用如图中曲线②所示，由于系统采用了比例积分调节器，调节作用如图中曲线③所示。在调节过程的前中期，比例调节起主要作用，阻止转速降落，并使转速稳步回升。在调节的后期转速偏差 Δn 很小，比例调节器作用不明显，积分调节起主要作用，使转速回到原值，并最终消除偏差。调节过程结束时，$\Delta U=0$，$\Delta n=0$，但 PI 调节器的输出电压 U_c，从 U_{c1} 上升并稳定到 U_{c2}，使电动机又回升到给定转速下稳定运行。

当负载转矩减小时，转速负反馈无静差直流调速系统的自动调节过程又是怎样的？

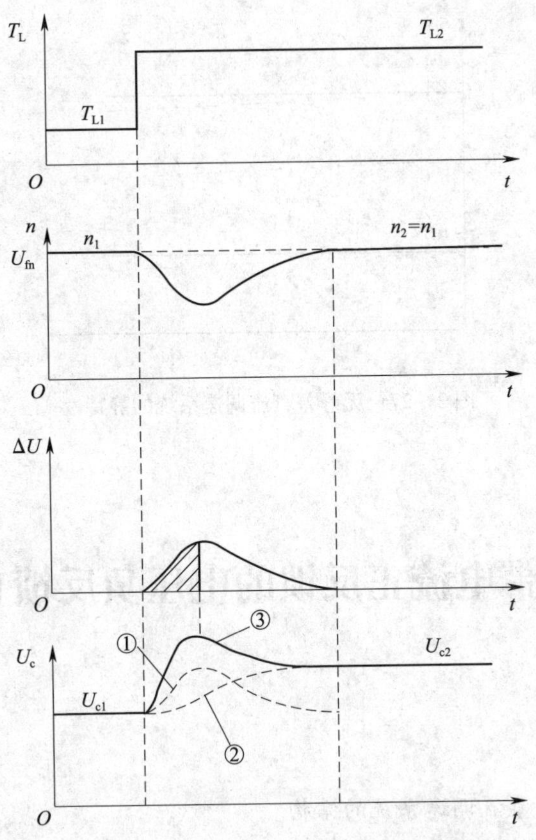

图 3—25　负载增加时系统的调节过程

无静差直流调速系统的稳态结构图如图 3—26 所示，其中用输出特性代替有静差调速系统中的放大系数 K_p，表明是比例积分调节器，构成无静差调速系统。

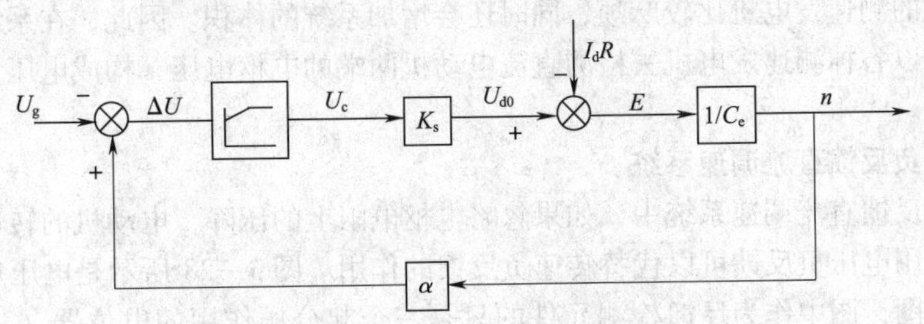

图 3—26　无静差直流调速系统稳态结构图

无静差系统的理想静特性如图 3—27 所示。由于系统无静差，静特性是不同转速时的一族水平线（如图中实线所示）。当给定一定时，负载发生变化，电动机的转速保持不变。严格地说，“无静差”只是理论上的，但实际上，由于运放有零漂、测速发电机有误差、电容器有漏电等原因，仍有很小的静差（静特性曲线如图虚线所示），但比有静差调速系统要小得多，一般精度要求下可以忽略不计。

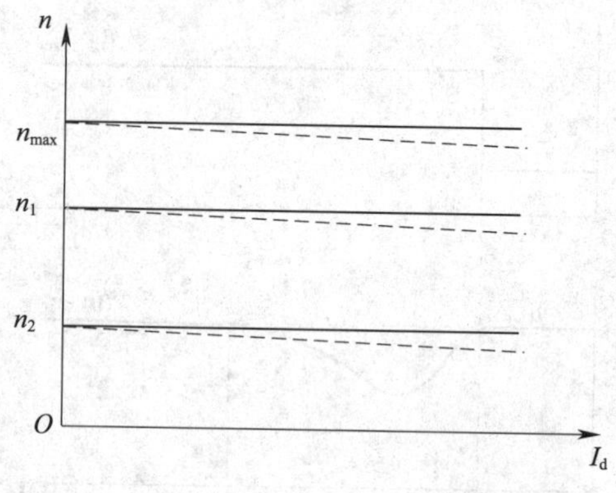

图 3—27　无静差直流调速系统的静特性

§3—3　带电流正反馈的电压负反馈直流调速系统

1. 掌握电压负反馈直流调速系统的结构。
2. 掌握电流正反馈的补偿作用。

前面两节介绍的是转速负反馈单闭环直流调速系统，是以转速作为被控对象，通过引入负反馈，调节并稳定电动机的转速。通常情况下用测速发电机去检测转速，但安装与直流电动机同轴相连的测速发电机比较麻烦，同时还会增加系统的体积。因此，在系统精度要求不高的场合，可以省掉测速发电机去检测直流电动机两端的电枢电压，构成电压负反馈单闭环直流调速系统。

一、电压负反馈直流调速系统

在电压负反馈直流调速系统中，如果忽略电枢电阻上的压降，电动机的转速近似与电枢电压成正比，用电压负反馈可以代替转速负反馈的作用。图 3—28 所示是电压负反馈直流调速系统的电路图，图中作为反馈检测元件的只是一个起分压作用的电位器（当然也可以采用其他电压检测装置)。

通过电位器将电枢电压分压后引入到输入端，其反馈电压信号 $U_{fu}=\gamma U_d$，其中 γ 称为电压反馈系数；电枢电压 $U_d=E+I_dR_a$，其中 R_a 为电动机的电枢电阻；理想晶闸管整流输出电压 $U_{d0}=U_d+I_dR_x$，其中 R_x 为晶闸管整流装置的内阻与平波电抗器电阻的和；电枢回路总电阻 $R=R_a+R_x$。这些关系式在系统静态结构图中可以清晰地反映出来。电压负反馈直流调速系统静态结构图如图 3—29 所示。

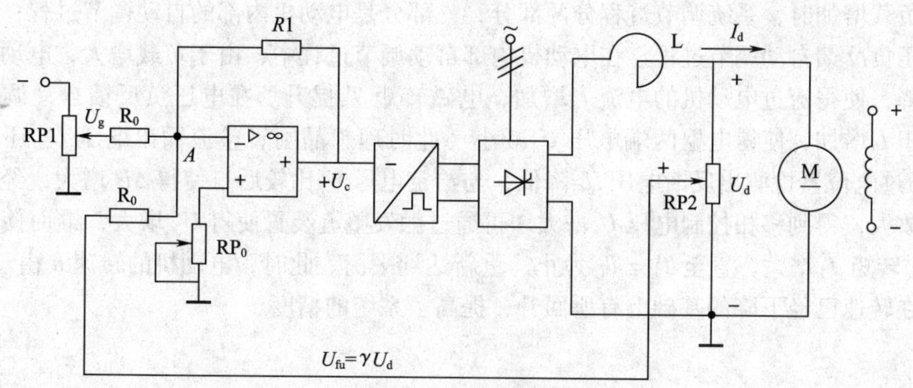

图 3—28 电压负反馈直流调速系统电路图

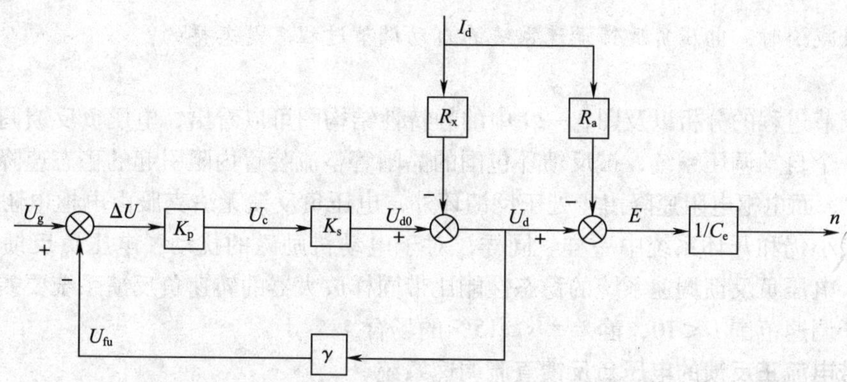

图 3—29 电压负反馈直流调速系统静态结构图

在电压负反馈系统中，通过改变给定电压 U_g 调节电动机的转速。当 U_g 增大时，其调节过程如下：

$$U_g\uparrow \longrightarrow \Delta U\uparrow \longrightarrow U_c\uparrow \longrightarrow U_{d0}\uparrow \longrightarrow U_d\uparrow \longrightarrow E\uparrow \longrightarrow n\uparrow$$

当负载 T_L 增加时，系统自动调节过程如图 3—30 所示。

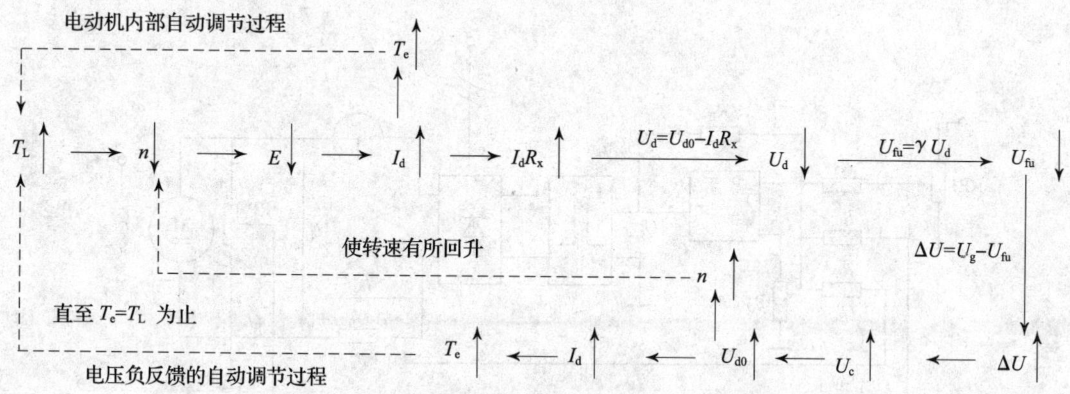

图 3—30 电压负反馈调速系统的调节过程

当负载增加时，系统调节过程分两部分，一部分是电动机内部的自动调节过程；另一部分是电压负反馈自动调节过程。在电动机内部自动调节过程中，由于负载增大，电动机的转速 n 下降，使得流过电动机的电流 I_d增加，电磁转矩 T_e提升。在电压负反馈自动调节过程中，由于I_d增加，使得电枢两端电压 U_d减小（此时理想晶闸管整流输出电压 U_{d0}还保持不变），通过电位器检测出反馈电压 U_{fu}降低，与给定电压 U_g比较后，使得ΔU 增大，经过比例调节器放大，得到移相控制电压 U_c增大，再通过触发整流装置使得 U_{d0}增大，继而使得电流 I_d、电磁转矩 T_e增大，直至 $T_e = T_L$ 为止，重新达到平衡。此时，电动机的转速 n 由于 U_{d0}的升高，在转速已经下降的基础上有所回升，提高了系统的精度。

当负载减小时，电压负反馈调速系统的自动调节过程又是怎样的？

根据调节过程的分析以及图 3—29 中的静特性结构图可以看出，电压负反馈调速系统实际上只是一个自动调压系统，被反馈环包围的晶闸管整流装置内阻引起的稳态速降被减少到 $1/(1+K)$，而电枢电阻速降由于处于反馈环外，电压负反馈无法克服由电枢电阻引起的转速降，其大小仍和开环系统中一样。同样，对于电动机励磁的扰动，电压负反馈也无能为力。因此，电压负反馈调速系统的稳态性能比带同样放大器的转速负反馈系统要差一些，一般只适用于调速范围 $D \leqslant 10$，静差率 $s \geqslant 15\%$ 的场合。

二、带电流正反馈的电压负反馈直流调速系统

采用电压负反馈的调速系统，虽然可以省去一台测速发电机，但是由于它不能弥补电枢压降所造成的转速降落，调速性能不如转速负反馈系统。因此考虑采用电流正反馈进行补偿，可以减少系统的静差。具有电流正反馈补偿的电压负反馈直流调速系统如图 3—31 所示。在系统主电路中串入电阻 R_c，由 $U_{fi} = I_d R_c$ 从电路中取出电流信号作为电流反馈信号引入到输入端，其极性与给定电压信号 U_g 的极性一致，与电压反馈信号的极性相反，从而实现电流正反馈，起到电流补偿的作用。该系统电流反馈信号 $U_{fi} = \beta I_d$，其中 β 为电流反馈系数，在图 3—31 中，$\beta = R_c$。

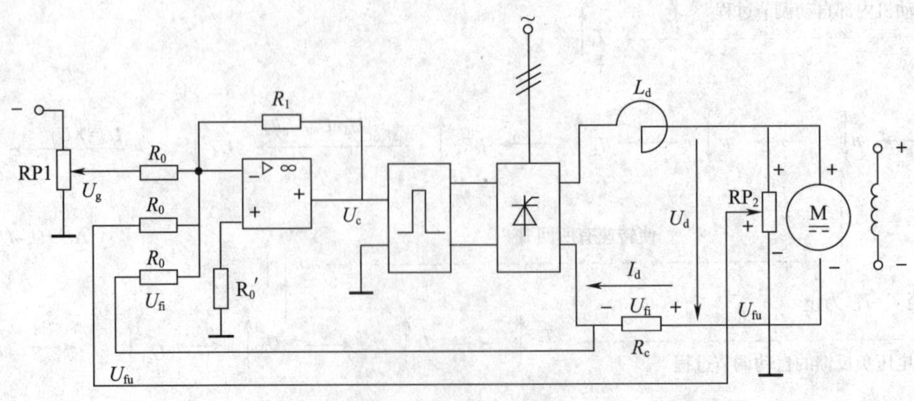

图 3—31　带电流正反馈补偿的电压负反馈直流调速

电流正反馈在系统中起补偿作用。当负载增大时，电动机转速降低，主电路中的电流增大，电流反馈信号也增大，通过比较放大环节，由于是正反馈，使得比例调节器输出（移相控制电压）增加，整流输出电压升高，补偿了转速的降落。增加了电流正反馈的电压负反馈调速系统的具体调节过程如图 3—32 所示。

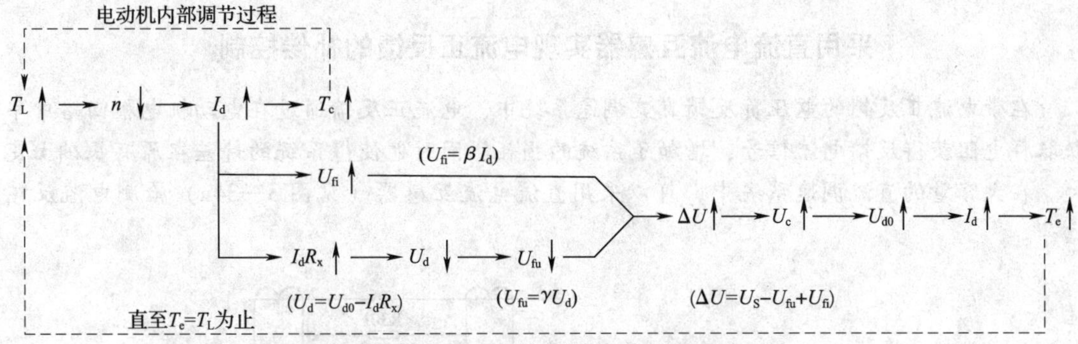

图 3—32　带电流正反馈的电压负反馈调速系统的具体调节过程

带电流正反馈的电压负反馈直流调速系统的静态结构图如图 3—33 所示。从图中可以看出，增加电流正反馈是为了抵消由于电流 I_d变化而在电枢电阻 R_a 上引起的转速变化，引入电流正反馈的实质就是对系统进行补偿控制。

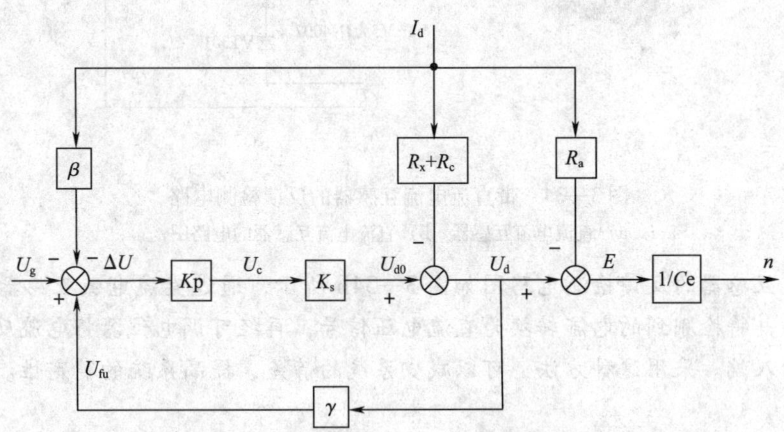

图 3—33　带电流正反馈的电压负反馈直流调速系统静态结构图

根据电流反馈系数 β 的大小，可以决定补偿的强弱，分为全补偿、欠补偿和过补偿三种。通过调节参数，实现最优补偿时，系统可实现静差为零，称为全补偿；当补偿过大，会使系统不稳定，称为过补偿；当系统通过补偿控制仍有一些静差，称为欠补偿。由于补偿控制是一种参数配合控制，系统设计时，为了在保证系统稳定性的前提条件下，尽可能地通过补偿控制减少静差，一般常采用欠补偿。

总之，电流正反馈可以用来补偿一部分静差，以提高调速系统的稳态性能。但是，不能靠电流正反馈来实现无静差，因为这时系统已经达到了稳定的边缘。

知识拓展

采用直流电流互感器实现电流正反馈的补偿控制

在带电流正反馈的电压负反馈直流调速系统中，电流正反馈通过在电动机电枢回路中串联取样电阻获得反馈电流信号，增加了系统的损耗，同时也使得系统的静差在原有基础上变大。在大容量的直流调速系统中，可以采用直流电流互感器（见图 3—34a）检测电流反馈信号。

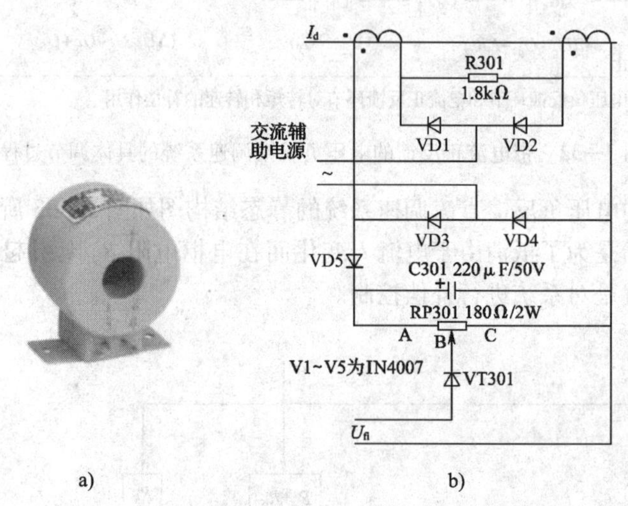

图 3—34　带直流电流互感器的反馈检测电路

a）直流电流互感器　b）直流电流互感器的电路图

直流电流互感器的反馈检测电路图如图 3—34b 所示，通过直流电流互感器检测电枢回路中的电流，并将检测到的电流转换为直流电压信号，再经可调电位器将电流反馈信号引入到给定电压输入端。采用这种方法，可以减少系统的静差，提高系统的稳定性。

§3—4　带电流截止负反馈的单闭环直流调速系统

学习目标

1. 掌握电流截止负反馈的电路结构及作用。

2. 掌握带电流截止负反馈的单闭环调速系统的结构及原理。

一、引入电流截止负反馈的原因

直流电动机在启动、堵转或过载时会产生很大的电流，会烧坏晶闸管和电动机，因而要设法加以限制。若采用电流负反馈，会使系统的机械特性变软。为此，可以通过一个电压比较环节，使电流负反馈环节只有在电流超过某个允许值（称为阈值）时才起作用，这就是电流截止负反馈。

二、电流截止负反馈环节

常用的电流截止负反馈环节如图3—35所示，电流负反馈信号取自串入电动机电枢回路的小阻值取样电阻 R_s（零点几欧或几欧），I_dR_s 正比于流过电动机的电流。I_{jz} 为临界截止电流，当流过电动机的电流 I_d 小于 I_{jz} 时，电流负反馈不起作用；当电流 I_d 达到 I_{jz} 时，电流负反馈起作用，将电流反馈信号反馈到调节器的输入端。此时，可利用独立的直流电源作比较电压，如图3—35a所示，其大小可通过电位器进行调节，相当于调节临界截止电流的大小。当 $I_dR_s \leqslant U_{com}$ 时，二极管VD截止，电流截止负反馈不起作用；当 $I_dR_s > U_{com}$ 时（亦即 $I_d > U_{com}/R_s$），则二极管VD导通，电流截止负反馈起作用。其临界截止电流 $I_{jz} = U_{com}/R_s$。

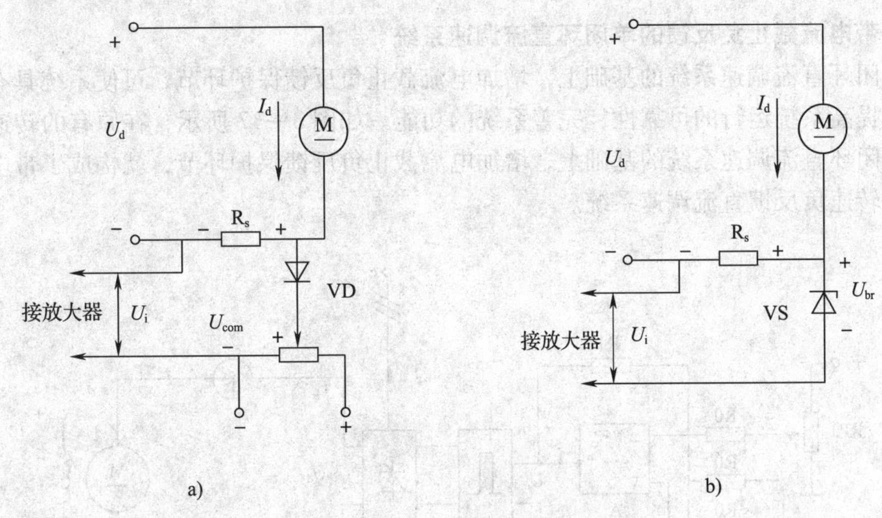

图3—35　电流截止负反馈环节

a）利用独立直流电源作比较电压　b）利用稳压管产生比较电压

在图3—35b中，利用稳压管VS的击穿电压 U_{br} 作为比较电压，当 $I_dR_s \leqslant U_{br}$ 时，则稳压二极管VS截止，电流截止负反馈不起作用；当 $I_dR_s > U_{br}$ 时（亦即 $I_d > U_{br}/R_s$），稳压二极管VS击穿导通，电流截止负反馈起作用。其临界截止电流 $I_{jz} = U_{br}/R_s$。这种电路结构简单，但是不能平滑地调节截止电流值的大小。

以上两种电流截止负反馈电路，由于在电枢回路中串入了电阻 R_s，会影响系统的静特性，增加转速降，使得特性曲线变软。在小容量调速系统中应用比较广泛，对中大容量的调速系统可以采用带电流互感器的电流截止负反馈环节，如图3—36所示。由于交流主电路中的电流与晶闸管整流装置输出的电枢电流成正比，通过电流互感器检测交流主电路中的电流，再经过二极管整流变为直流电，经可调电位器分压后，通过稳压二极管将截止电流信号反馈到给定输入端。通过调节电位器 RP 可以调节临界截止电流的大小。

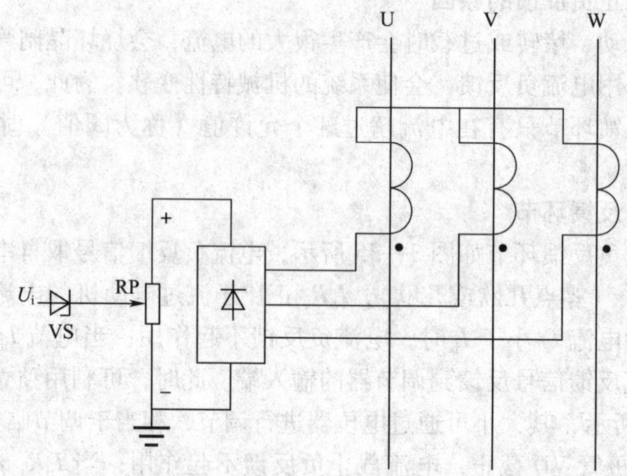

图 3—36　带电流互感器的电流截止负反馈环节

三、带电流截止负反馈的单闭环直流调速系统

在单闭环直流调速系统的基础上，增加电流截止负反馈保护环节，可使系统具有过流保护功能，提高系统运行的可靠性，完善系统的功能。如图 3—37 所示，在原有的转速负反馈有静差单闭环直流调速系统的基础上，增加电流截止负反馈保护环节，就构成了带电流截止负反馈的转速负反馈直流调速系统。

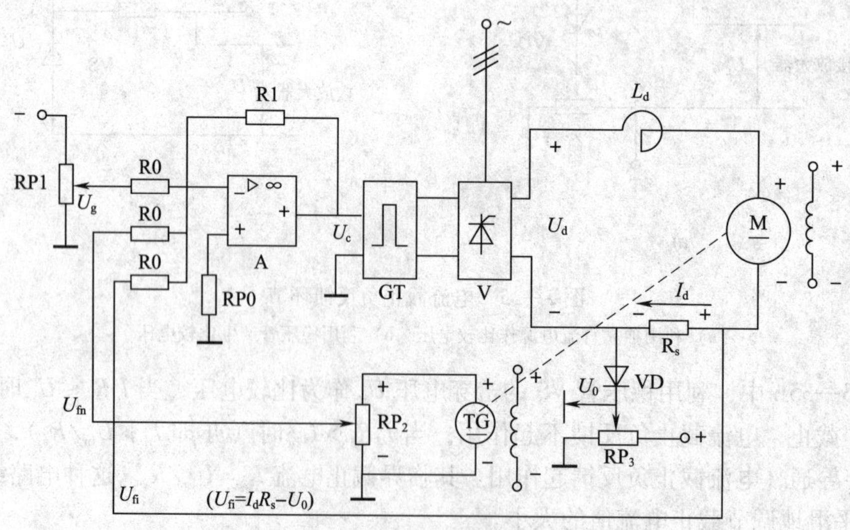

图 3—37　带电流截止负反馈的转速负反馈直流调速系统

1. 电流截止负反馈的调节原理

下面以带电流截止负反馈的转速负反馈有静差直流调速系统为例，来分析一下电流截止

负反馈的调节过程。当电枢电流 I_d 小于临界截止电流 I_{jz} 时，电流截止负反馈不起作用；当电枢电流 I_d 大于截止电流 I_{jz} 时，电流截止负反馈起调节作用，具体调节过程如图 3—38 所示。电流截止负反馈电压信号 $U_{fi}=I_dR_c-U_0$ 反馈到比例调节器的输入端，此时偏差电压 $\Delta U=-U_g+U_{fn}+U_{fi}$。当电流继续增加时，$U_{fi}$ 使 ΔU 的数值减小，U_c 降低，U_d 降低，从而限制电流 I_d 的过大增加。此时，由于 U_d 的减小，又加上电流 I_d 总体是增大的，使得 I_dR_a 也增加，根据公式 $n=\dfrac{U_d-I_dR_a}{K_e\Phi}$ 可知，转速 n 将急剧下降。当 $I_d>I_{jz}$，$\Delta U=-U_g+U_{fn}+U_{fi}$ 时，其调节过程如下：

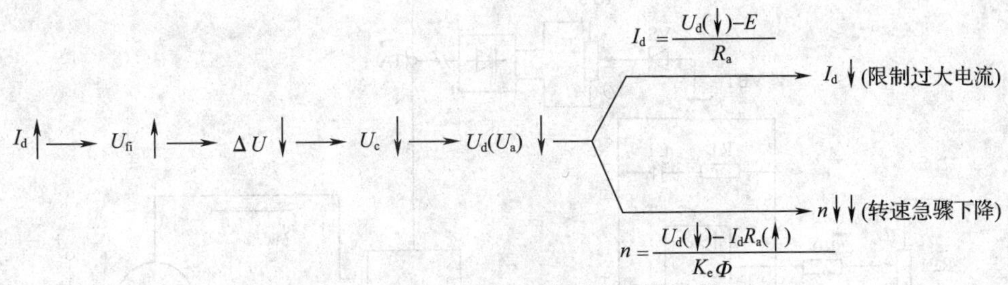

图 3—38　电流截止负反馈的调节过程

2. 带电流截止负反馈的单闭环直流调速系统的特点

电流截止负反馈的作用相当于在主电路串入了一个大电阻，故稳态速降极大，特性急剧下垂。如图 3—39 所示，控制系统在正常工作范围内有较硬的机械特性，而一旦过载，电流超过临界截止电流，电流截止负反馈起作用，限制电流的增加并使转速急剧下降，从而使其特性曲线即下垂成为很软的特性。

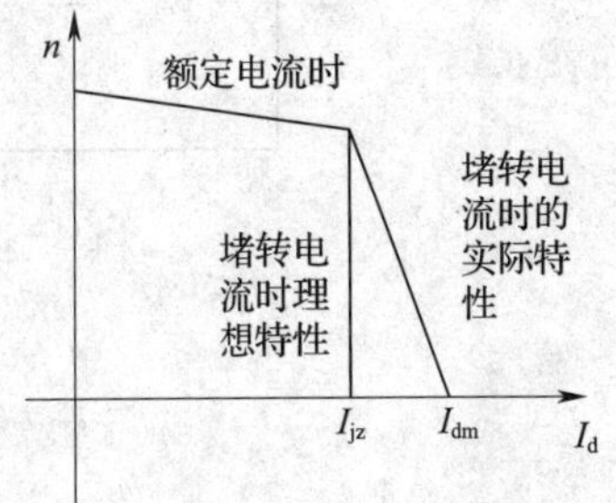

图 3—39　电流截止负反馈的挖土机特性

机械特性的这种两段式静特性常称为下垂特性或挖土机特性。在堵转时（或启动时）电流不是很大，这是因为在堵转时，虽然转速 $n=0$，电动机反电动势 $E=0$，但由于电流截止负反馈的作用，使得 U_d 大大降低，从而使电流 I_d 不至于过大，此时的电流称为堵转电流 I_{dm}。比如，当挖土机遇到坚硬的石块而过载时，即便电动机停下，电流也不过是堵转电流。

3. 电流截止负反馈环节的参数设计

如图 3—39 所示，电动机的堵转电流 I_{dm} 应小于电动机允许的最大电流，一般取 $I_{dm}=(1.5\sim2)\ I_N$。从调速系统的稳态性能上看，希望稳态运行范围足够大，临界截止电流应大于电动机的额定电流，一般取 $I_{jz}\geqslant(1.1\sim1.2)\ I_N$。

引入电流截止负反馈环节后，虽然限制了流过电动机的最大电流，但在主电路中，在整流电路的交流输入侧还应接入快速熔断器，以防止电路发生短路。在某些系统要求较高的场合，还要增设过电流继电器，以防止电流截止负反馈环节故障时，把整流电路中的晶闸管元件烧坏。在参数整定时，要求熔断器熔丝额定电流 > 过电流继电器动作电流 > 堵转电流。

四、带电流截止负反馈的无静差直流调速系统实例

图3—40所示是一个带电流截止负反馈的无静差直流调速系统的实例，采用比例积分调节器以实现无静差，采用电流截止负反馈来限制动态过程的冲击电流。TA为检测电流的交流互感器，经整流后得到电流反馈信号。当电流超过临界截止电流时，即 U_i 高于稳压管VS的击穿电压时，使晶体三极管VBT导通，则PI调节器的输出电压接近于零，晶闸管触发整流装置UPE的输出电压急剧下降，达到限制电流的目的。

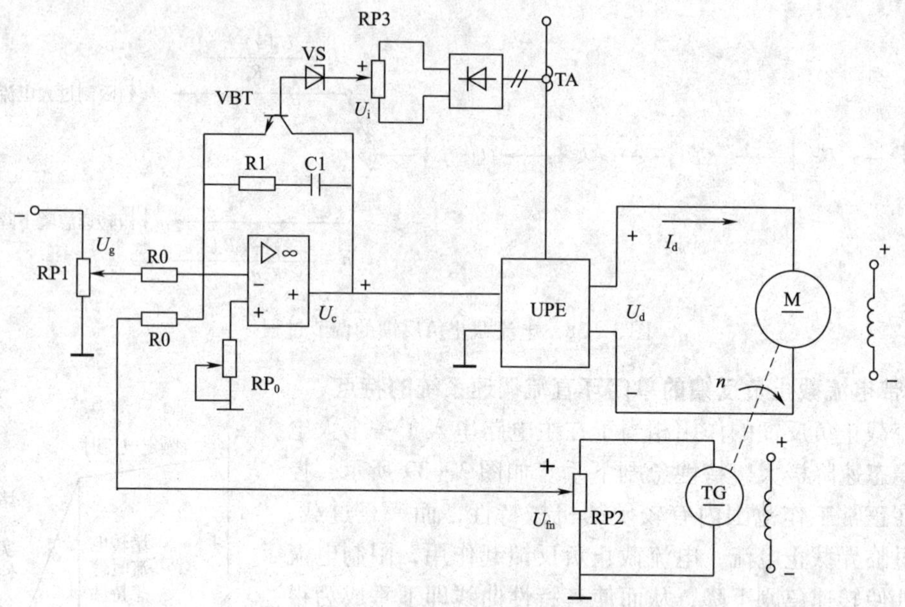

图3—40　无静差直流调速系统示例

无静差直流调速系统的理想静特性如图3—41所示。当 $I_d < I_{jz}$ 时，系统通过PI调节器实现无静差，静特性是不同转速时的一组水平线；当 $I_d > I_{jz}$ 时，电流截止负反馈起作用，静特性急剧下垂，基本上是一条很陡的垂直线。整个静特性曲线近似呈矩形。

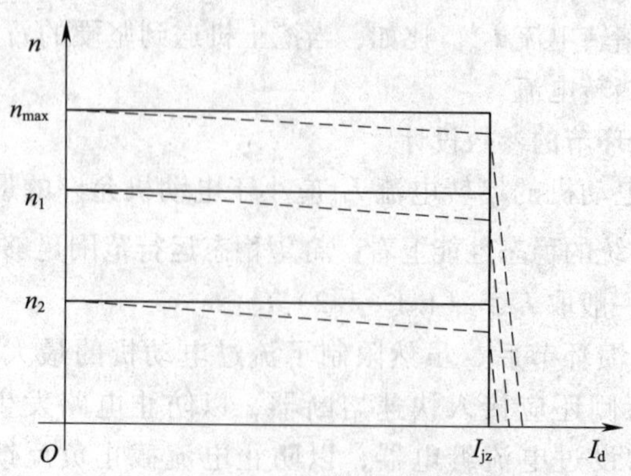

图3—41　带电流截止负反馈的无静差直流调速系统的静特性

电流截止负反馈环节的实验调试方法

(1) 实验器材

电力电子及电气传动实验台中的速度调节器（PI调节器）、电流检测反馈电路、三相可调交流电源、三相整流及触发装置、可调电抗器、给定电位器、可调电容器、三相可变电阻器、万用表、电流表、电压表、一字旋具。

(2) 实验电路

图3—42所示为电流截止负反馈环节实验电路图，图中将转速负反馈直流调速系统的电路结构进行了变化，一是主电路中用容量足够大的可调阻性负载代替直流电动机及其测功机部分；二是将给定电位器提供的给定电压直接接到触发电路的移相控制端 U_c。

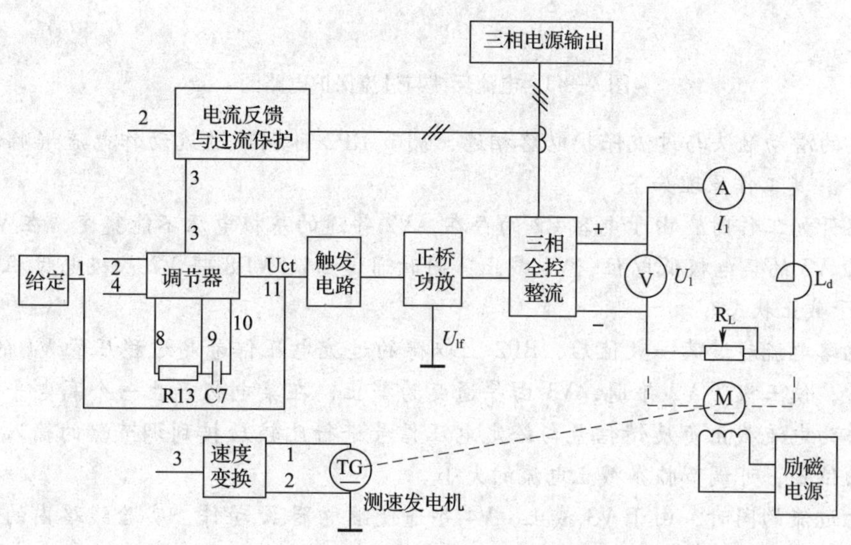

图3—42 电流截止负反馈环节实验电路图

电路中的电流反馈与过流保护环节和调节器电路的内部结构与原理如下：

1) 电流反馈与过流保护环节。本单元有两个功能，一是检测主电源输出的电流反馈信号，二是当主电源输出电流超过某一设定值时发出过流信号，切断电源。其电路图如图3—43所示。

电流反馈与过流保护的输入端TA1、TA2、TA3，来自电流互感器的输出端，反映负载电流大小的电压信号经三相桥式整流电路整流后加至RP1、RP2及R1、R2、VD7组成的3条支路上，其中：

①R2与VD7并联后再与R1串联，在其中点取零电流检测信号从①脚输出，供零电平检测用。

②将 RP1 的滑动抽头端输出作为电流反馈信号，从②端输出，电流反馈系数由 RP1 进行调节。

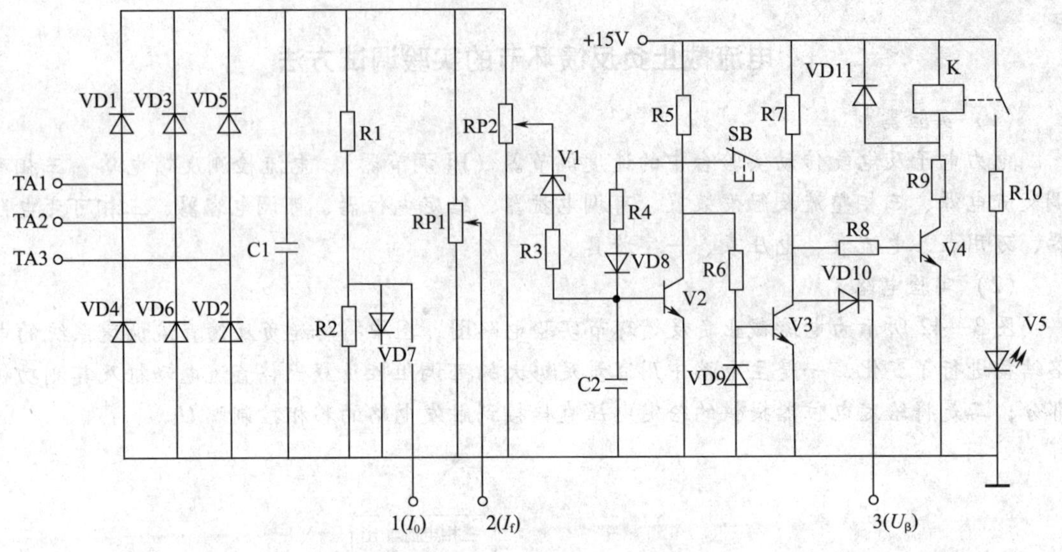

图 3—43　电流反馈与过流保护电路图

③RP2 的滑动触头与过流保护电路相连，调节 RP2 可调节过流动作电流（临界截止电流）的大小。其工作原理如下：

当电路开始工作时，由于电容 C2 的存在，V2 导通的基极电压不能突变，在 V2 导通前 V3 先导通，V3 的集电极低电位，V4 截止，同时通过 R4、VD8 将 V2 基极电位拉低，保证 V2 一直处于截止状态。

当主电路电流超过某一数值后，RP2 上取得的过流电压信号超过稳压管 V1 的稳压值，击穿稳压管，使三极管 V2 导通，V3 由导通变为截止，在集电极产生一个高电平信号从③端输出，作为电流截止负反馈信号与给定电压信号进行比较后接到调节器的输入端。调节 RP2 抽头的位置，可调节临界截止电流的大小。

在产生过流的同时，由于 V3 截止，V4 导通使继电器 K 动作，实验线路内的主继电器掉电，切断主电源，面板上的声光报警器发出告警信号，提醒此时装置已过流跳闸。调节 RP2 的值，也可得到不同的电流报警值。SB 为解除过流记忆的复位按钮，当过流动作后，电源通过 SB、R4、VD8 及 C2 维持 V2 导通，V3 截止、V4 导通、继电器保持吸合，持续告警。只有当按下 SB 后，V2 基极失电进入截止状态，V3 导通、V4 截止，电路才恢复正常。因此，当过流故障排除后，须按下 SB 以解除记忆，才能恢复正常工作。

2）调节器的电路结构。此调节器由运算放大器、限幅电路、互补输出、输入阻抗网络及反馈阻抗网络等环节组成，工作原理与前述调节器基本相同，其电路图如图 3—44 所示。

此调节器与前面讲述的调节器相比增加了几个输入端，其中③端接电流截止负反馈信号。当主电路输出过流时，电流反馈与过流保护的③端输出一个电流截止反馈电压信号（高电平），击穿稳压管 V1，正电压信号输入运放的反相输入端，使调节器的输出电压下降，保护主电路。其他输入端如⑤、⑦端的作用这里就不再详细介绍。

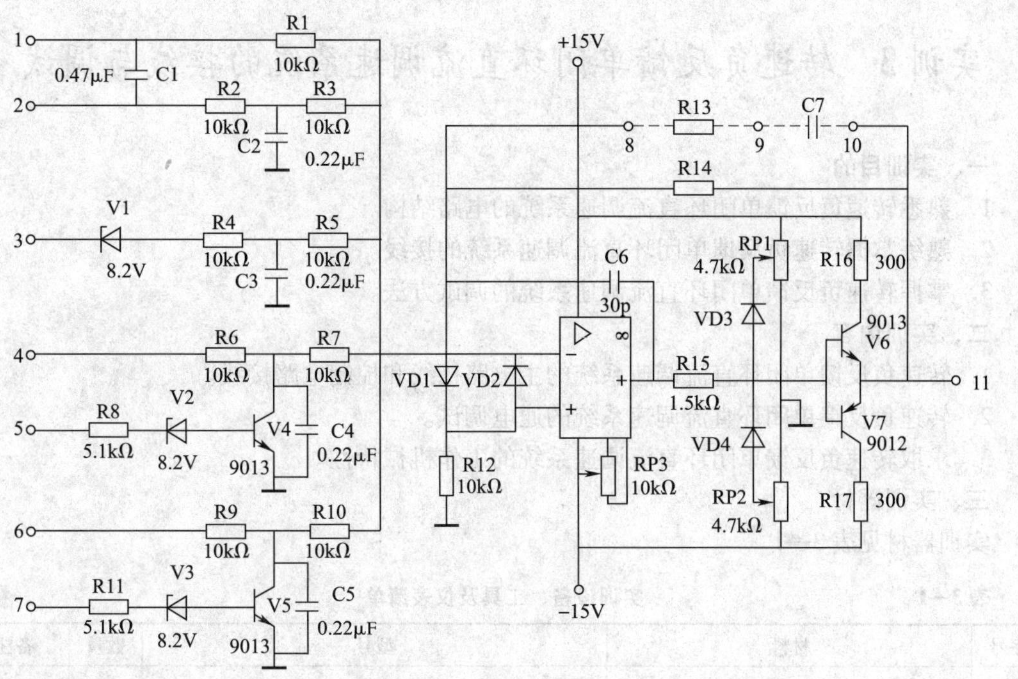

图 3—44　调节器电路图

(3) 实验调试的步骤

1) 首先按照图 3—42 所示搭建电路，将单闭环直流调速系统变为开环带阻性负载的系统。直接将“给定电压” U_g 接入触发电路的移相控制电压 U_{ct} 的输入端，整流桥输出接可调电阻负载 R_L。注意：要将负载电阻 R_L 调至最大值，将给定电位器的输出给定电压调到零。

2) 临界截止电流的整定

按下系统启动按钮，从零开始逐渐增加给定电压（正电压），使整流输出电压升高到所接直流电动机的额定电压 U_N 时，减小负载电阻 R_L 的阻值，使得负载电流 $I_d=1.2I_N$ 时，调节“电流反馈与过流保护”中的电流截止负反馈电位器 RP2，用万用表检测其③端的电流截止反馈电压 $U_\beta=8.2$ V。此时调节器中③端的稳压管 V1 刚好被击穿，电流截止负反馈起作用。这时的临界截止电流 $I_{jz}=1.2I_N$。如：若选用的直流电动机额定值为“$U_N=220$ V，$I_N=1$ A”，其临界截止电流 $I_{jz}=1.2I_N=1.2$ A。

(4) 实验演示结论

1) 通过演示实验可知，电流截止负反馈环节的调试步骤如下：

①首先，将单闭环直流调速系统变为带可调阻性负载的开环调速系统。

②在整流输出电压 $U_d=U_N$、负载电流 $I_d=1.2I_N$ 时，调节电流截止负反馈电位器的大小，使电流截止反馈电压正好将调节器输入端的稳压管击穿。

2) 电流截止负反馈环节按照要求调试完毕后，当负载电流 $I_d\geqslant1.2I_N$ 时，电流截止反馈电压将调节器输入端的稳压管击穿，电流截止负反馈起作用，限制电流的增加并使转速急剧下降，使其特性曲线具有“挖土机”特性。

实训3　转速负反馈单闭环直流调速系统的接线与调试

一、实训目的

1．熟悉转速负反馈单闭环直流调速系统的电路结构。

2．熟练掌握转速负反馈单闭环直流调速系统的接线。

3．掌握转速负反馈单闭环直流调速系统的调试方法。

二、实训内容

1．转速负反馈单闭环直流调速系统的主电路接线和控制电路接线。

2．转速负反馈单闭环直流调速系统的通电调试。

3．求取转速负反馈单闭环直流调速系统的工作机械特性。

三、实训器材

实训器材见表3—1。

表3—1　　　　**实训设备、工具及仪表清单**

序号	材料	型号	数量	备注
1	电力电子及电气传动实验台	求是公司的MCL－Ⅱ型	1台	
2	三相可调交流电源	输出0～380 V、50 Hz三相对称交流电	1个	型号自定
3	三相整流及触发装置、可调电抗器	MCL－33	1套	
4	给定电位器、转速调节器、速度变换器	MCL－18	1组	
5	可调电容器	MEL－11	1个	
6	直流电动机	$P_N=185$ W、$U_N=220$ V、$I_N=1.1$ A、$n=1\,500$ r/min	1台	
7	测速发电机及测功机	MEL－13组件	1组	
8	双踪示波器	GOS－620	1台	或型号自定
9	万用表	数字式或指针式	1只	或型号自定
10	电流表、电压表	MEL－06A	各1只	
11	一字旋具		1把	

四、实训步骤

1．转速负反馈单闭环直流调速系统的接线

转速负反馈单闭环直流调速系统的实验原理图如图3—45所示。单闭环直流调速系统的接线同样分为主电路接线和控制电路接线。接线时一般按照先接主电路，再接控制电路的顺序进行。

（1）主电路接线

主电路接线与开环直流调速系统的主电路接线基本相同，如图3—46所示，连接时注意三相交流电的相序。

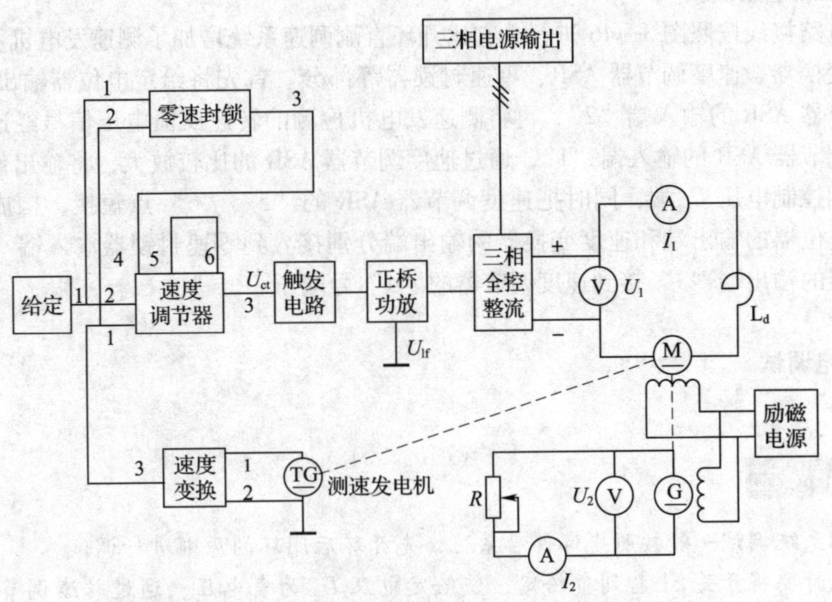

图 3—45　转速负反馈单闭环直流调速系统实验原理图

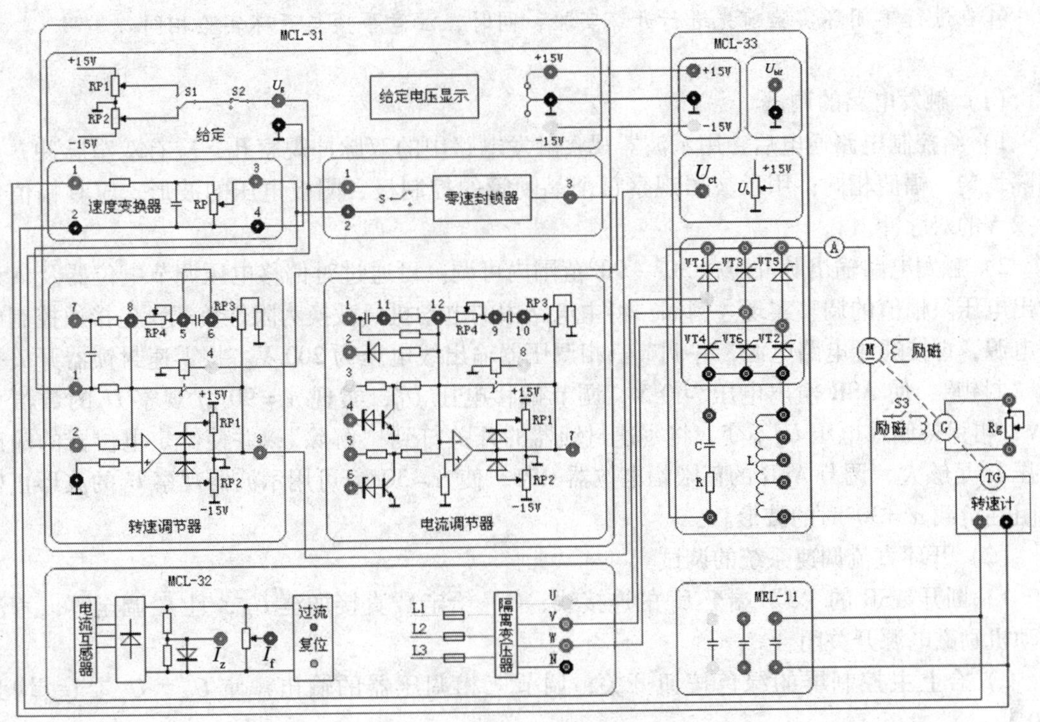

图 3—46　转速负反馈单闭环直流调速系统接线示意图

（2）控制电路接线

控制电路接线按照图 3—46 进行，它比开环直流调速系统增加了测速发电机及测功机部分、速度变换器、速度调节器 ASR、零速封锁器等部分。首先将给定电位器输出电压 U_g 接到速度调节器 ASR 的输入端“2”，再将测速发电机检测的转速反馈电压信号经速度变换器接到速度调节器 ASR 的输入端“1”，通过速度调节器 ASR 的比较放大，将输出信号接至触发电路移相控制电压 U_{ct} 端，同时把速度调节器 ASR 的“5”“6”点短接，构成比例调节器。给定电位器的输出端和速度变换器的输出端分别接入到零速封锁器输入端“1”“2”，零速封锁器的输出端“3”接到速度调节器的“4”号端子。

2. 通电调试

①闭环系统调试一般按照先部件后系统，先开环后闭环的原则进行调试。

②调试时要将开关 S1 打到负给定，使给定电压 U_g 为负电压，通过转速调节器 ASR 反相后，输出给触发电路的移相控制电压 U_{ct} 为正电压。

③闭环实验接线调试时，将零速封锁器的开关 S2 打到“解除”。

④在进行单闭环实验前先进行开环实验，同时，注意事项与开环实验相同。

（1）触发电路的调试

1）给控制电路通电后，用示波器观察触发电路中的双脉冲观察孔，应有双窄脉冲，且间隔均匀，幅值相同；用示波器观察每个晶闸管的控制极、阴极电压的波形，应有幅值为 1 ~ 2 V的双脉冲。

2）触发电路输出脉冲应在 30° ~ 90°范围内可调。可通过对偏移电压调节电位器及 ASR 输出电压限幅值的调整实现。例如：将主电路中的电动机负载换为阻性负载，先接通控制电路电源，再接通主电路电源，并调节三相调压器输出线电压为 200 V。将零速封锁器开关打到“封锁”，使 ASR 输出电压为 0 V，调节偏移电压 U_b，实现 $\alpha = 90°$，观察 U_d 的数值为 0 V；再保持偏移电压 U_b 不变，将零速封锁器的开关打到“解除”，并使给定电位器的输出电压 U_g 足够大，调节 ASR 的正限幅电位器 RP1，使 $\alpha = 30°$，可用示波器观察 U_d 的波形正好为阻性负载 $\alpha = 30°$时的波形。

（2）开环直流调速系统的调试

1）断开 ASR 的“3”端至 U_{ct} 的连接线，G（给定）直接加至 U_{ct}，且 U_g 调至零，直流电动机励磁电源开关闭合。

2）合上主控制屏的绿色按钮开关，调节三相调压器的输出，使 U_{uv}、U_{vw}、U_{wu} 均为 200 V。

3）求取调速系统在无转速负反馈时的开环工作机械特性。调节给定电压 U_g，使直流电动机空载转速 $n_0 = 1\ 500$ r/min，调节测功机加载旋钮（或直流发电机负载电阻），在空载至额定负载的范围内测取 7 ~ 8 点，读取整流装置输出电压 U_d、输出电流 I_d 以及被测电动机转

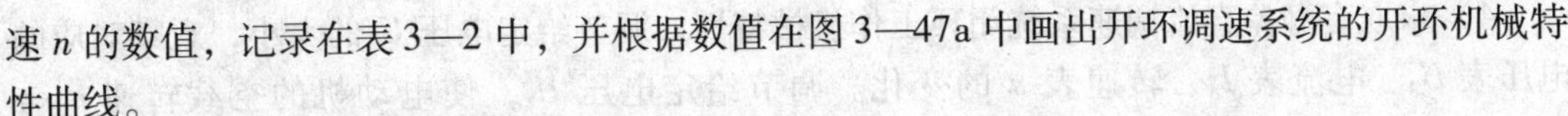

速 n 的数值，记录在表 3—2 中，并根据数值在图 3—47a 中画出开环调速系统的开环机械特性曲线。

（3）控制电路中各部件的调试

1）比例调节器的调试

①调节器调零

将所有输入端接地，用导线将“5”“6”短接，使转速调节器成为 P（比例）调节器。接通实验台上控制电路电源，将给定电位器 S2 打到“0V”，调节面板上的调零电位器，用万用表的毫伏挡测量转速调节器的输出端，使调节器的输出电压尽可能接近于零。

②调整输出正、负限幅值

将给定电位器的给定输出端接到转速调节器的“1”端，并将给定电位器的开关 S2 打到“±给定”，S1 打到“正给定”。当加一定的正给定时，调整负限幅电位器 RP2，使之输出电压为负限幅值 -5 V；当调节器输入端加负给定时，调整正限幅电位器 RP1，使速度调节器的输出正限幅为 U_{ctmax}（+5 V）。

当闭环系统接入 ASR 构成转速负反馈时，为了防止振荡，可预先把 ASR 的 RP4 电位器逆时针旋到底，使调节器放大倍数最小。

2）转速反馈系数的整定。直接将“给定电压” U_g 接到移相控制电压 U_{ct} 的输入端，给定电压调到零。按下启动按钮，接通励磁电源，从零逐渐增加给定，使电动机提速到 n = 1 500 r/min 时，调节“速度变换”上转速反馈电位器 RP，使得该转速时反馈电压 U_{fn} = 6 V，这时的转速反馈系数 $\alpha = U_{fn}/n = 0.004$ V/（r/min）。

（4）转速负反馈有静差调速系统的调试

1）断开 G（给定）和 U_{ct} 的连接线，ASR 的输出接至 U_{ct}，把 ASR 的“5”“6”点短接。

2）合上主控制屏的绿色按钮开关，调节 U_{uv}、U_{vw}、U_{wu} 均为 200 V。

3）调节给定电压 U_g，使被测电动机空载转速 n_0 = 1 500 r/min，调节反馈电位器 RP3，使电动机稳定运行。

进行闭环调试时，若一增加给定，电动机转速就迅速升到最高速且不可调，则要注意转速反馈的极性是否接错。

4）求取有静差直流调速系统闭环工作机械特性。调节给定电压 U_g 的大小，观察对应的电压表 U_d、电流表 I_d、转速表 n 的变化。调节给定电压 U_g，使电动机的空载转速 n_0 = 1 500 r/min，然后调节测功机加载旋钮（或直流发电机负载电阻）使电动机所带负载增加，观察电动机的转速变化情况，在开环调速系统调试时记录的电流表电流 I_d 数值的基础上，读取 7～8 组转速表转速 n、电压表电压 U_d 的数值，记录在表 3—2 中，并根据相应数值在图 3—47b 中画出单闭环有静差系统的闭环机械特性曲线。

表 3—2　电压 U_d、电流 I_d、转速 n 的数值变化表

系统参数		1 组	2 组	3 组	4 组	5 组	6 组	7 组	变化趋势
开、闭环	电流 I_d								
开环系统	转速 n								
	电压 U_d								
单闭环有静差系统	转速 n								
	电压 U_d								

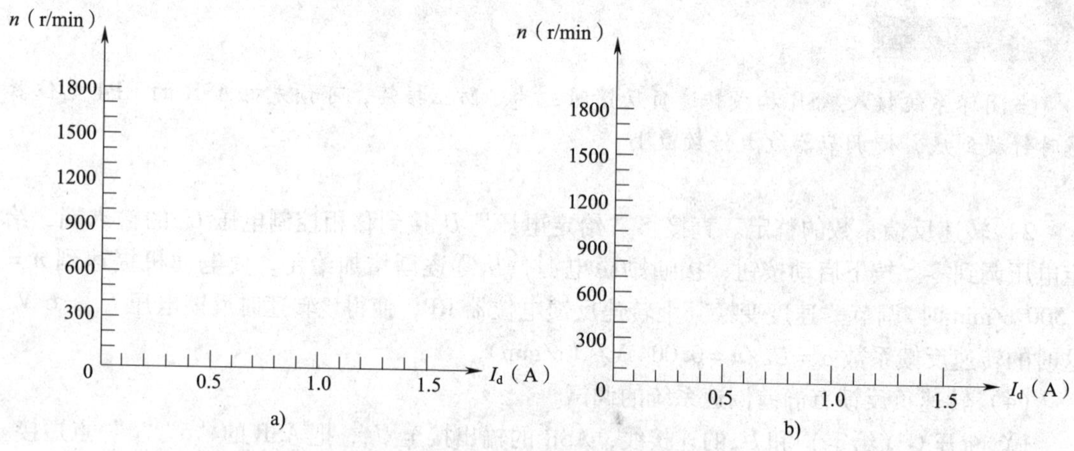

图 3—47　调速系统机械特性曲线

a）开环系统机械特性曲线　b）单闭环有静差系统机械特性曲线

3. 将闭环机械特性与开环机械特性进行比较，得出结论

比较表 3—2 中单闭环有静差系统与开环系统的数值，同时比较两者的机械特性曲线可以发现，单闭环机械特性曲线比开环机械特性曲线下倾角度________（大、小），当负载发生变化时，转速波动相比开环时____________（大、小）得多，说明转速负反馈起作用。当负载增加时，单闭环调速系统电动机的转速__________________________（先减小后增大基本保持不变、先减小后增大但仍有所降低、升高），说明此系统是________（有静差、无静差）调速系统。

五、评分标准

表 3—3　　考核评分标准

项目	分值	标准		得分
1. 接线	40	1）能够找出实验所需挂箱和相关设备，并在实验台面板和桌面上排列整齐（10 分） 2）能够按图连线，设备及相关装置接线正确，连线准确、牢固（30 分）		
2. 实验调试过程	50	1）触发电路调试（5 分） 2）开环系统调试（5 分） 3）控制电路各部件调试 ①比例调节器的调试（10 分） ②速度变换器的调试（5 分） 4）单闭环无静差调速系统的调试 ①能够观察电动机在不同给定电压下的转速变化（5 分） ②能调节负载，并能观察、记录不同负载下电动机的转速变化（10 分） 5）能说出单闭环系统与开环系统性能比较的结论（10 分）		
3. 安全文明生产	10	1）劳动保护用品穿戴整齐（5 分） 2）保持环境整洁，秩序井然，遵守操作规程（5 分） 3）安全用电，无人为损坏元器件和设备（如出现根据情况扣 10 ~40 分）		
指导教师评价			合计	

实训 4　转速负反馈单闭环无静差直流调速系统的接线与调试

一、实训目的

1. 熟练掌握转速负反馈单闭环无静差直流调速系统的接线。
2. 掌握转速负反馈单闭环无静差直流调速系统的调试方法。

二、实训内容

1. 转速负反馈单闭环无静差直流调速系统的接线。
2. 转速负反馈单闭环无静差直流调速系统的通电调试。
3. 求取转速负反馈单闭环无静差直流调速系统的工作机械特性。
4. 与开环调速系统和单闭环有静差调速系统进行比较并得出结论。

三、实训器材

表 3—4　　实训设备、工具及仪表清单

序号	材料	型号	数量	备注
1	电力电子及电气传动实验台	求是公司的 MCL－Ⅱ型	1 台	
2	三相可调交流电源	输出 0～380 V、50 Hz 三相对称交流电	1 个	或型号自定
3	三相整流及触发装置、可调电抗器	MCL－33	1 套	
4	给定电位器、转速调节器、速度变换器	MCL－18	1 组	
5	可调电容器	MEL－11	2 个	
6	直流电动机	$P_N=185$ W、$U_N=220$ V、$I_N=1.1$ A、$n=1\ 500$ r/min	1 台	
7	测速发电机及测功机	MEL－13 组件	1 组	
8	双踪示波器	GOS－620	1 台	或型号自定
9	万用表	数字式或指针式	1 只	或型号自定
10	电流表、电压表	MEL－06 A	各 1 只	
11	一字旋具		1 把	

四、实训步骤

1. 无静差直流调速系统的接线

转速负反馈单闭环无静差直流调速系统的实验原理图如图 3—48 所示。接线时一般按照先接主电路，再接控制电路的顺序进行。

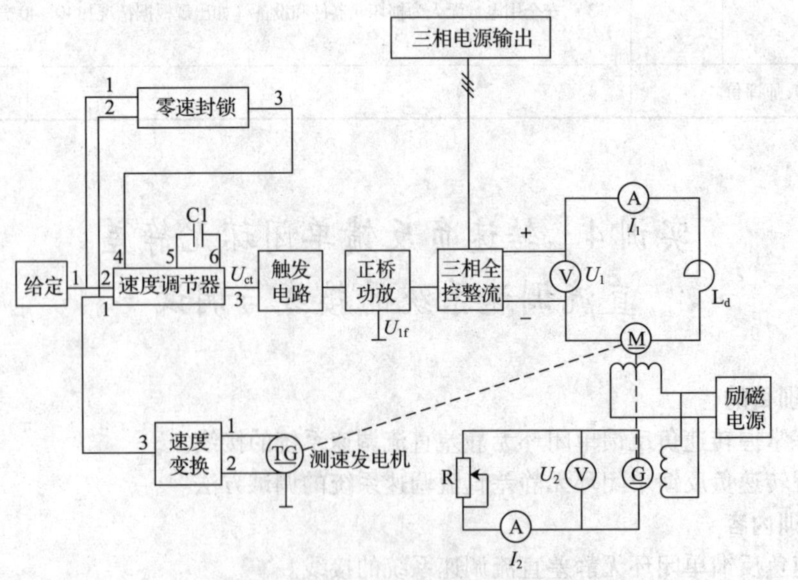

图 3—48　无静差直流调速系统实验原理图

（1）主电路接线

主电路接线与开环调速系统或转速负反馈单闭环调速系统的接线相同，如图 3—49 所示，连接时要注意三相交流电的相序。

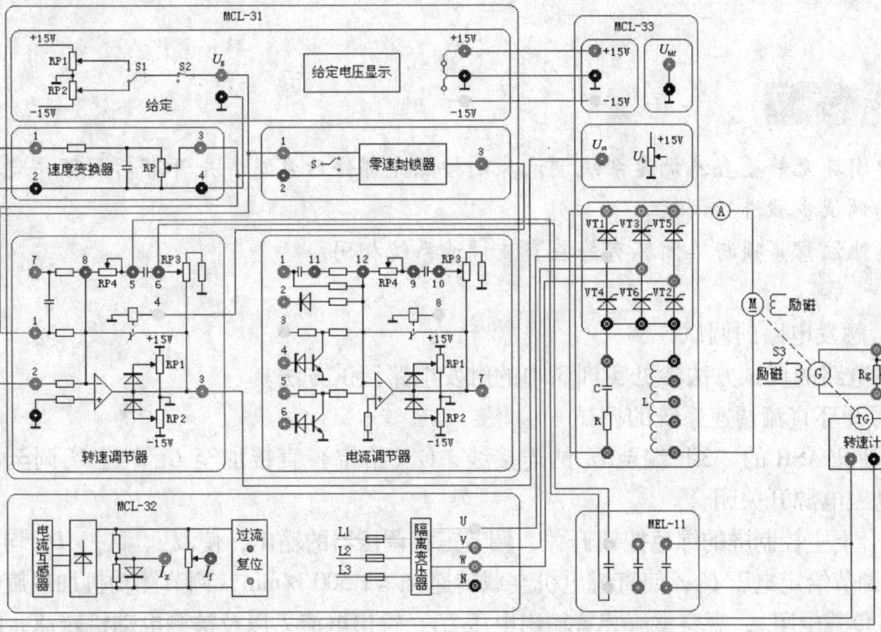

图 3—49　转速负反馈单闭环直流调速系统接线示意图

（2）控制电路接线

控制电路接线按照图 3—49 所示进行接线，在转速负反馈单闭环有静差直流调速系统的基础上，将速度调节器的“5”“6”端接可调电容器（预置 7 μF），使速度调节器 ASR 由原来的比例（P）调节器变为比例积分（PI）调节器。

转速负反馈单闭环无静差直流调速系统的接线图如图 3—50 所示。

图 3—50　转速负反馈单闭环无静差直流调速系统接线图

2. 通电调试

①单闭环无静差直流调速系统调试原则按照先部件后系统，先开环后闭环，先有静差后无静差的调试步骤进行调试。

②其他注意事项与单闭环有静差直流调速系统相同。

（1）触发电路的调试

触发电路的调试方法参见实训 3 中的触发电路调试方法。

（2）开环直流调速系统的调试

1）断开 ASR 的“3”端至 U_{ct}的连接线，G（给定）直接加至 U_{ct}，且 U_g调至零，直流电动机励磁电源开关闭合。

2）合上主控制屏的绿色按钮开关，调节三相调压器的输出，使 U_{uv}、U_{vw}、U_{wu}均为200 V。

3）调节给定电压 U_g，使直流电机空载转速 n_0 =1 500 r/min，调节测功机加载旋钮（或直流发电机负载电阻），观察整流装置输出电压 U_d、输出电流 I_d以及被测电动机转速 n 的变化。

（3）控制电路中各部件的调试

1）比例积分调节器的调试

①调节器调零

调试方法参见实训 3 中的调节器调零方法。

②调整输出正、负限幅值

把速度调节器的“5”“6”短接线去掉，将可调电容 7 μF 接入“5”“6”两端之间，使速度调节器成为 PI（比例积分）调节器，然后将给定电位器的给定输出端接到转速调节器的输入端“2”端。当加一定的正给定时，调整负限幅电位器 RP2，使之输出电压为最小值即可；当调节器输入端加负给定时，调整正限幅电位器 RP1，使速度调节器的输出正限幅为 U_{ctmax}（+5 V）。

2）转速反馈系数的整定。调试方法参见实训 3 中的转速反馈系数整定方法。

（4）转速负反馈有静差调速系统的调试

1）断开 G（给定）和 U_{ct}的连接线，给定接 ASR 的输入端，ASR 的输出端接至 U_{ct}。

2）合上主控制屏的绿色按钮开关，调节 U_{uv}、U_{vw}、U_{wu}均为 200 V。

3）调节给定电压 U_g，使被测电动机空载转速 n_0 = 1 500 r/min，调节反馈电位器 RP3，使电动机稳定运行。

4）求取有静差直流调速系统闭环工作机械特性。调节给定电压 U_g，使电动机的空载转速 n_0 =1 500 r/min，然后调节测功机加载旋钮（或直流发电机负载电阻）使电动机所带负载增加，观察电动机的转速变化情况，读取 7 ~ 8 组电流表 I_d、转速表 n、电压表 U_d的数值，记录在表 3—5 中，并根据相应数值在图 3—51a 中画出单闭环有静差系统的闭环机械特性曲线。

（5）转速负反馈无静差调速系统的调试

1）断开速度调节器的“5”“6”短接线，接入可调电容器 7 μF，构成 PI 调节器。

2）调节给定电压 U_g的大小，观察对应的电压表 U_d、电流表 I_d、转速表 n 的变化。

3）调节给定电压 U_g，使电动机的空载转速 n_0 = 1 500 r/min，然后调节测功机加载旋钮（或直流发电机负载电阻）使电动机所带负载增加，观察电动机的转速变化情况，在有静差调速系统调试时记录的电流表 I_d数值的基础上，读取 7 ~ 8 组转速表转速 n、电压表电压 U_d 的数值，记录在表 3—5 中，并根据相应数值在图 3—51b 中画出单闭环无静差系统的闭环机械特性曲线。

表 3—5　　电压 U_d、电流 I_d、转速 n 的数值变化表

系统参数		1 组	2 组	3 组	4 组	5 组	6 组	7 组	变化趋势
有、无静差	电流 I_d								
单闭环有静差系统	转速 n								
	电压 U_d								
单闭环无静差系统	转速 n								
	电压 U_d								

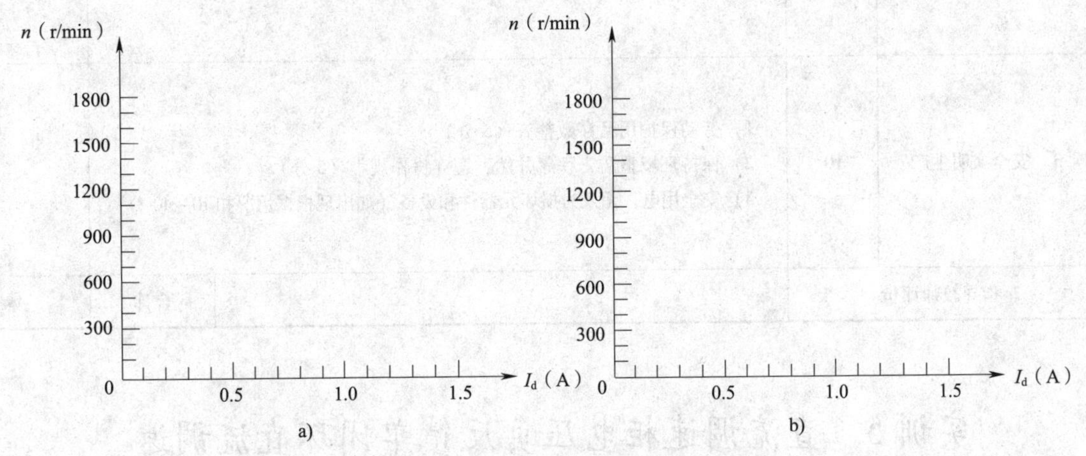

图 3—51　单闭环调速系统机械特性曲线

a）单闭环有静差调速系统机械特性曲线　b）单闭环无静差调速系统机械特性曲线

3. 与有静差单闭环调速系统的机械特性进行比较

比较表 3—5 中无静差调速系统与有静差调速系统的数值，并比较两者的特性曲线可以发现，无静差调速系统机械特性曲线________（接近为一条直线、下倾比较明显、上翘），当负载发生变化时，PI 调节器起调节作用，电动机的转速________（先减小后增加基本保持不变、先减小后增大仍有所降低、升高）。

五、评分标准

表 3—6　　考核评分标准

项目	分值	标准	得分
1．接线	30	1）能够找出实验所需挂箱和相关设备，并在实验台面板和桌面上排列整齐（10 分） 2）能够按图连线，设备及相关装置接线正确，连线准确、牢固（20 分）	
2．实验调试过程	60	1）触发电路的调试（5 分） 2）开环系统的调试（5 分） 3）控制电路各部件的调试 ①PI 调节器调试（10 分） ②速度变换器的调试（5 分） 4）转速负反馈单闭环有静差调速系统的调试（10 分） 5）转速负反馈单闭环无静差调速系统的调试 ①能够观察电动机在不同给定电压下的转速变化（5 分） ②能调节负载，并能观察、记录不同负载下电动机的转速变化（10 分） 4）能说出无静差与有静差调速系统的区别（10 分）	
3．安全文明生产	10	1）劳动保护用品穿戴整齐（5 分） 2）保持环境整洁，秩序井然，遵守操作规程（5 分） 3）安全用电，无人为损坏元器件和设备（如出现根据情况扣 10～40 分）	
指导教师评价		合计	

实训 5　直流调速柜电压负反馈单闭环直流调速系统的调试与故障排除

一、实训目的

1．认识直流调速柜电压负反馈单闭环系统的各组成部分的结构位置。

2．掌握电压负反馈单闭环直流调速系统的安装接线与调试。

3．能够对电压负反馈直流调速系统进行简单的故障排除。

4．熟悉带电流截止负反馈的调试方法及故障排除。

二、实训器材

表 3—7　　实训设备、工具及仪表清单

序号	材料	型号或规格	数量	备注
1	直流调速柜	DSC－32 型或 DSC－5 型	1 台	
2	万用表	数字式或指针式	1 只	或型号自定
3	双踪示波器	GOS－620	1 台	或型号自定
4	试电笔		1 支	
5	一字旋具		1 把	

三、实训步骤

1. 认识电压负反馈单闭环直流调速柜各组成部分及结构位置

电压负反馈单闭环直流调速系统结构框图如图 3—52 所示，将开关打到闭环位置。系统在开环的基础上增加了电压负反馈环节和电流截止负反馈环节。

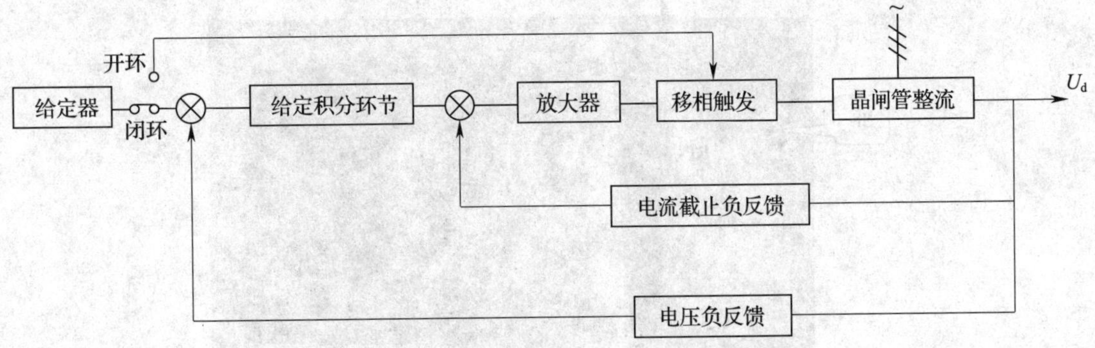

图 3—52　电压负反馈单闭环直流调速系统

本装置采用并联反馈方式，电压、电流反馈量均与给定电压进行并联比较。从晶闸管整流装置输出端按一定比例反馈过来的直流电压经电压隔离器隔离后，加到调节放大单元。由于给定电压和反馈电压是反极性连接，所以构成电压负反馈，加到运算放大器输入端的电压为给定电压与反馈电压的差值 ΔU，其值经 PI 调节运算后，加到触发器的输入端作为触发器的控制电压。

电压负反馈环节和电流截止负反馈环节由隔离板（YGD）和调节板（TJB）来实现其功能，其在直流调速柜中的位置如图 3—53 所示。

（1）认识电压隔离板 YGD

通过电压隔离器将电枢端电压的一部分进行变换、隔离后作为电压负反馈的输入信号。由于隔离器的隔离作用，控制系统与高电压的主电路不发生直接的电联系，因此设备工作安全可靠。电压隔离器采用 YGD（隔离板）来实现，隔离板实物图如图 3—54 所示。隔离板 YGD 中的 RP1 为电压反馈值调整电位器，S1 为电压反馈值测试点。

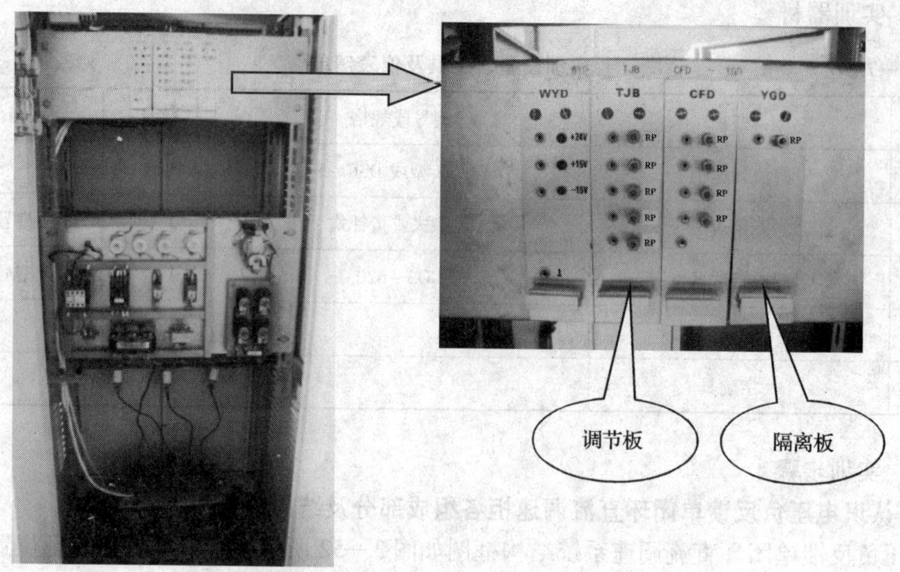

图 3—53　单闭环控制电路中的调节板和隔离板

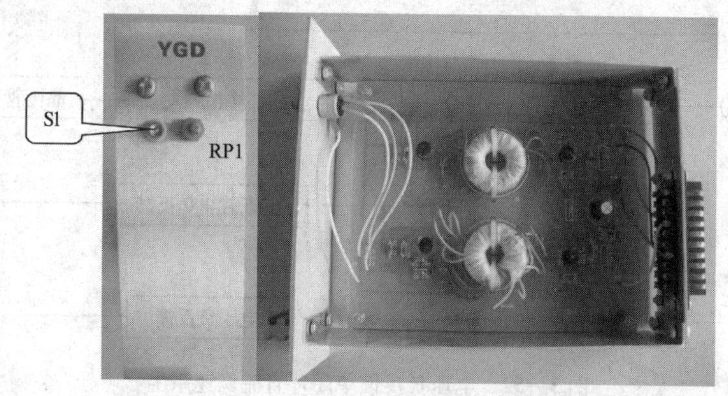

图 3—54　隔离板 YGD 实物图

电压隔离器的工作原理

1. 电压隔离器的结构原理

电压隔离器 YGD 是用一个辅助交流电源，先把被测的直流电压调制成交流信号，利用变压器隔离变换后，再解调成直流信号作为输出量。在调制解调前后，保持输入和输出直流信号的大小成线性比例关系。电压隔离板 YGD 的电路原理图如图 3—55 所示。

性能较好的直流电压隔离器，一般采用 1～1.5 kHz 的方波辅助电源（高频方波发生器）。提高方波频率是为了减小变压器的体积，并能加快信号的反应速度。图 3—55 中采用的是 2 kHz 方波发生器。由于被检测的电压信号中常含有脉动分量，须加滤波，可选用不同参数的选频滤波器，但滤波时间常数不能选得太大，否则将使信号反应速度变慢。电压隔离器 YGD 中信号功能说明见表 3—8。

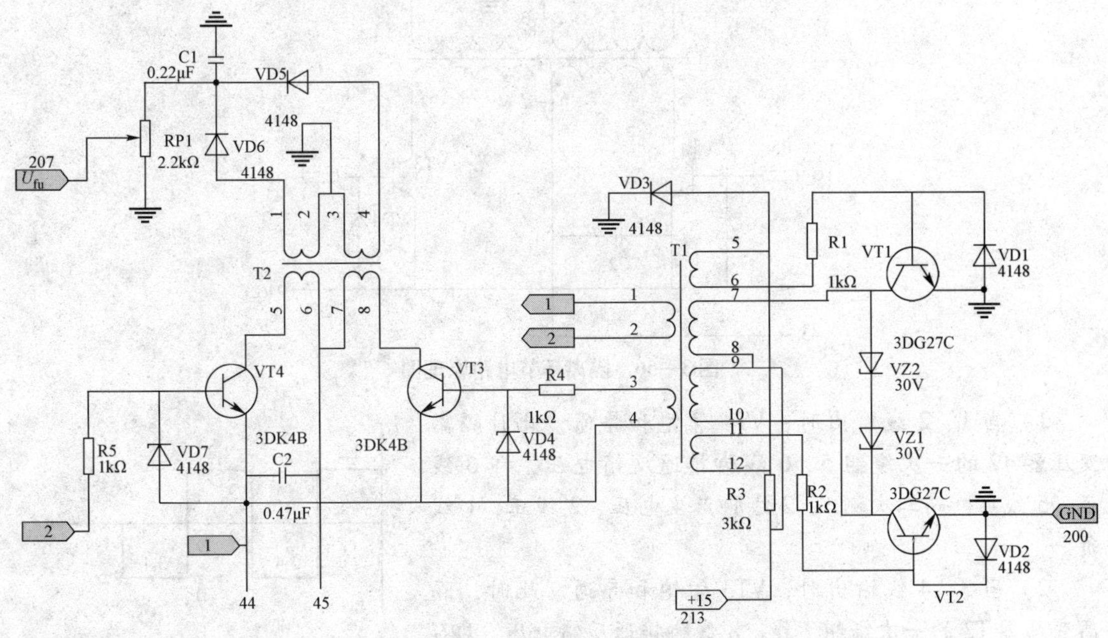

图 3—55 隔离板 YGD 电路原理图

表 3—8 **电压隔离器 YGD 信号功能说明**

线号或元件号	连接	功能	YGD 信号	备注
44 ~ 45	主电路直流分压电阻 R108	主电路直流电压分压值：电压负反馈信号	YGD 输入信号	
207	单闭环调节板的电压调节器	电压负反馈信号 U_{fu}	YGD 输出信号	
1 ~ 2	振荡电路正向输出端	辅助交流信号	振荡电路输出 2 kHz 信号	初相为 0°
3 ~ 4	振荡电路反向输出端	辅助交流信号	振荡电路输出 2 kHz 信号	初相为 180°
T1				振荡变压器
T2				隔离变压器

2. 电压隔离电路（YGD）的具体工作原理分析

（1）隔离环节电路原理分析

隔离环节电路原理图如图 3—56 所示。将取自主电路的电压反馈信号，接入直流电压隔离变换器的输入端 44 线、45 线，其中 45 线电位高于 44 线电位，即 45 线为正，44 线为负。振荡环节工作后，产生 2 kHz 的方波，经振荡变压器 T1 输出送至隔离电路的调制控制端 3 线、4 线，其波形如图 3—57 所示。

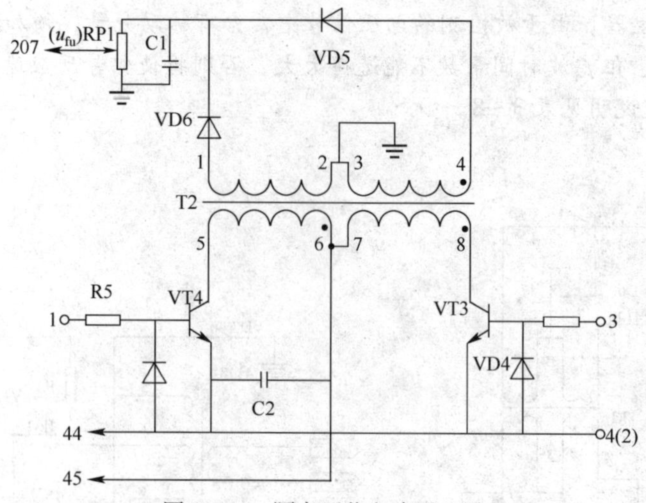

图 3—56　隔离环节电路原理图

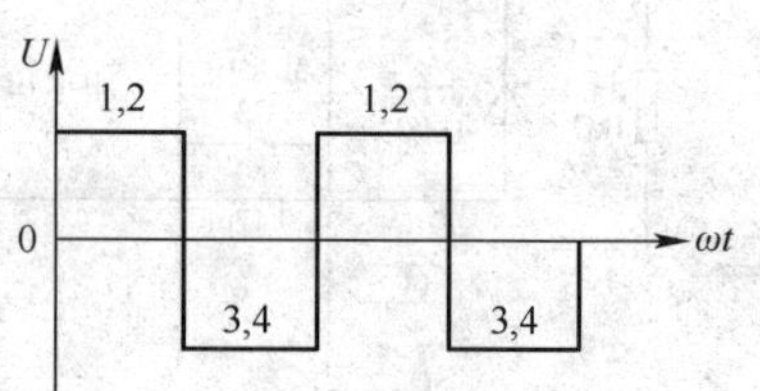

图 3—57　振荡变压器的输出波形图

1）当 1、2 线输出时，VT4 管饱和导通，此时隔离变压器 T2 的一次绕组 5、6 线脚接通反馈电压，即 6 线正，5 线负，而二次侧 1、2 线脚产生电压，2 线正，1 线负。

2）当 3、4 线输出时，VT3 管饱和导通，此时，隔离变压器 T2 的一次绕组 7 线、8 线脚接通反馈电压，即 7 线正，8 线负，而二次侧 3、4 线脚产生电压，3 线正，4 线负。

3）经隔离变压器 T2，产生 2 kHz 的信号，波形如图 3—57 所示，即将 45 线与 44 线的直流信号调制成 2 kHz 交流信号，再经由 VD5、VD6 组成的全波整流电路变为直流电压 U_{fu} 作为电压负反馈信号从 207 线输出。

(2) 振荡环节电路原理分析

振荡环节电路由 2 个对称的互感耦合式正反馈电路构成。晶体三极管 VT1、VT2 特性相同，基极电阻 R1 = R2 = 1 kΩ，电阻 R3 = 3 kΩ 作为 VT1、VT2 共用的基极限流电阻，振荡变压器 T1 一次绕组（5、6 线）与（11、12 线）匝数相同、（7、8 线）与（9、10 线）匝数相同。稳压管 VZ1、VZ2 是控制晶体三极管 VT1、VT2 轮流导通的开关元件，当 VT1 或 VT2 的集电极电位约大于 30 V + 1 V = 31 V（其中晶体三极管饱和压降与稳压管正向导通电压之和约为 1 V）时，VT1、VT2 导通或截止交换。二极管 VD1、VD2 和 VD3 均为保护元件。振荡环节的等效电路如图 3—58 所示。

+15 V 直流电源经振荡变压器 T1 一次绕组（9、10 线）加到晶体三极管 VT2 的集电极，经电阻 R3、振荡变压器 T1 一次绕组（12、11 线）和电阻 R2 加到晶体三极管 VT2 的基极；+15 V 直流电源又经振荡变压器 T1 一次绕组（8、7 线）加到晶体三极管 VT1 的集电极，经电阻 R3、振荡变压器 T1 一次绕组（5、6 线）和电阻 R1 加到晶体三极管 VT1 的基极。因此，晶体三极管 VT1、VT2 同时具备导通条件。由于晶体三极管 VT1、VT2 的参数不完全一致，将导致其中一只晶体三极管优先导通工作。如 VT2 优先导通，则当 VT2 导通

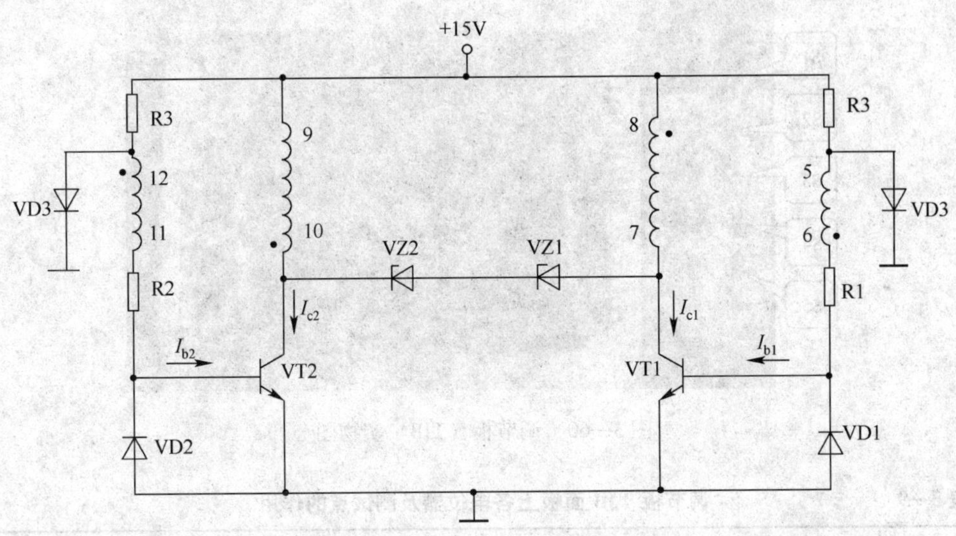

图 3—58　振荡环节等效电路

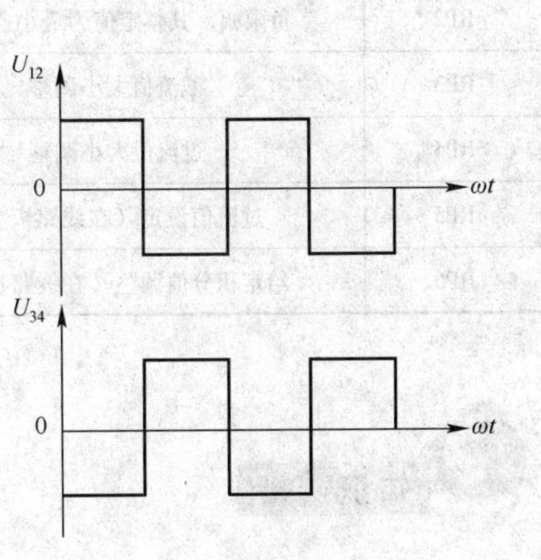

图 3—59　振荡环节输出信号

时，经振荡变压器 T1 的互感耦合迫使 VT1 基极电位 U_{b1} 下降，使 VT1 向截止区转化；当 VT2 饱和时，晶体三极管 VT2 的饱和压降 $U_{ce2}\approx0.3$ V，则使稳压管 VZ2 两端电压超过 31 V 而反向导通，此时振荡变压器 T1 一次绕组（7、8 线）的感应电势 e_L 方向改变，经 T1 互感耦合迫使 VT1 基极电位 U_{b1} 迅速上升，而使 VT1 导通，VT2 截止。

VT1、VT2 的轮流导通，使振荡变压器 T1 一次绕组（7、8 线）和（9、10 线）轮流流过电流，绕组中的电流方向为从 8 线流入、7 线流出，9 线流入、10 线流出，而 8 线和 10 线为同名端，所以在振荡变压器 T1 二次绕组（1、2 线）和（3 线、4 线）中产生相位互差 180°的调制方波信号，且频率均为 2 kHz 左右。其振荡环节输出信号波形如图 3—59 所示。

（2）认识调节板 TJB

调节板是控制电路的核心，主要由电压负反馈环节、电流截止负反馈部分电路构成，而电压负反馈环节主要由零速封锁电路、给定积分电路、调节电路、保护延时电路等组成。调节板实物图如图 3—60 所示。调节板 TJB 面板上各电位器及测试点的作用见表 3—9。

图 3—60　调节板（TJB）实物图

表 3—9　　调节板 TJB 面板上各电位器及测试点的作用

电位器	功能	测试点	功能
RP1	正限幅，其整定值为最小整流角	S1	测试电压给定值
RP2	负限幅，其整定值为最小逆变角	S2	测试 PI 调节器输出值
RP3	截流值大小调整	S3	测试过流值
RP4	过流值大小调整	S4	测试截流值
RP5	过流值设定（在线路板上）	S5	空
RP6	给定积分值调整（在线路板上）		

调节板的电路结构及基本工作原理

1. 电压负反馈环节

调节板的电压负反馈环节主要由零速封锁电路、给定积分电路、调节电路、保护延时电路等组成，其电路原理图如图 3—61 所示。

(1) 给定积分电路

给定积分电路是将突加给定信号变为缓变信号的电路，其电路结构如图 3—62 所示。它由两部分组成，一是前级的电压求和器；二是后级的积分器。

1) 电压求和器中各元件的作用

①电容器 C5 起滤波的作用。当 U_g 中含有交流成分时，由于 C5 的作用可以消除交流成分的影响。

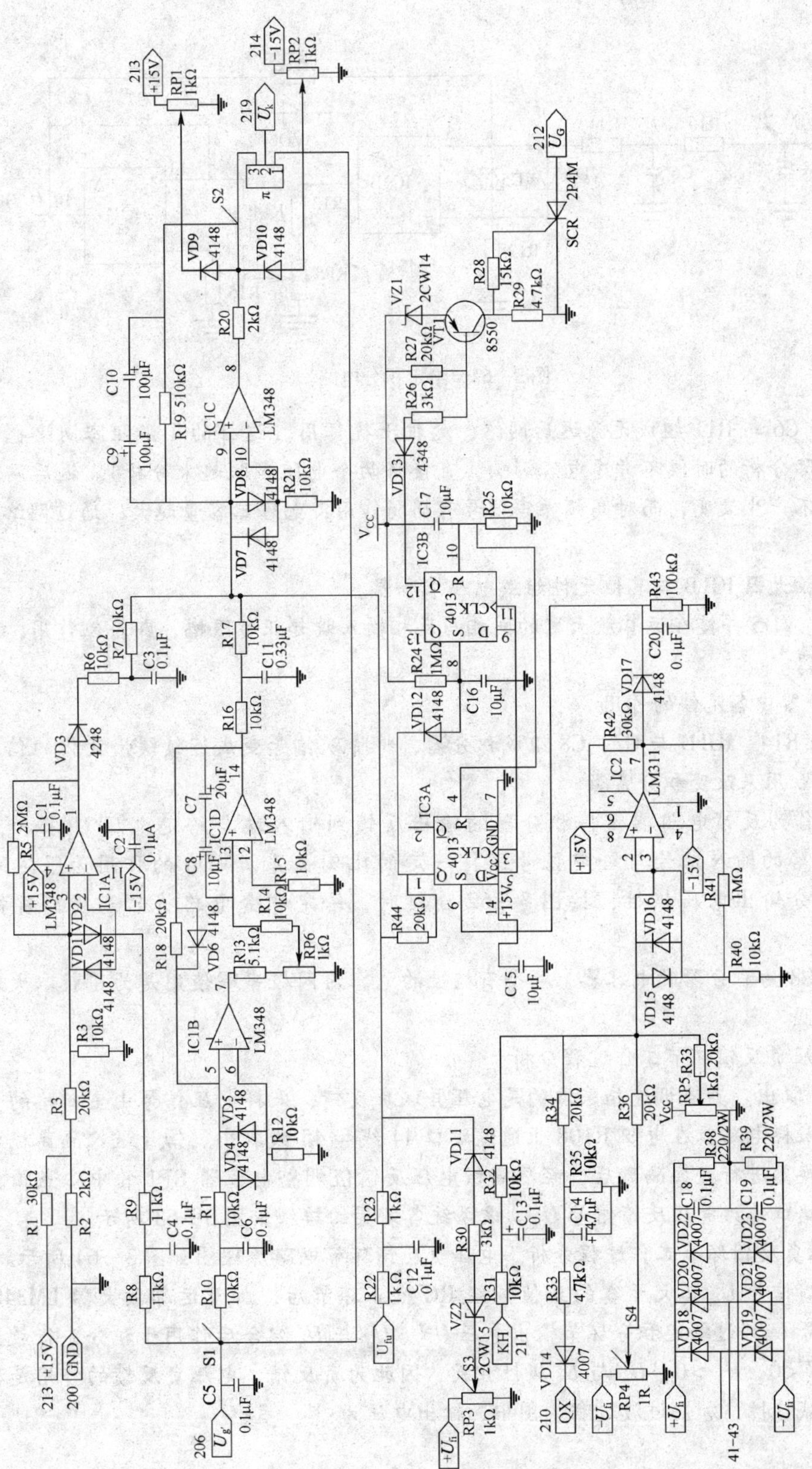

图 3—61　调节板电路原理图

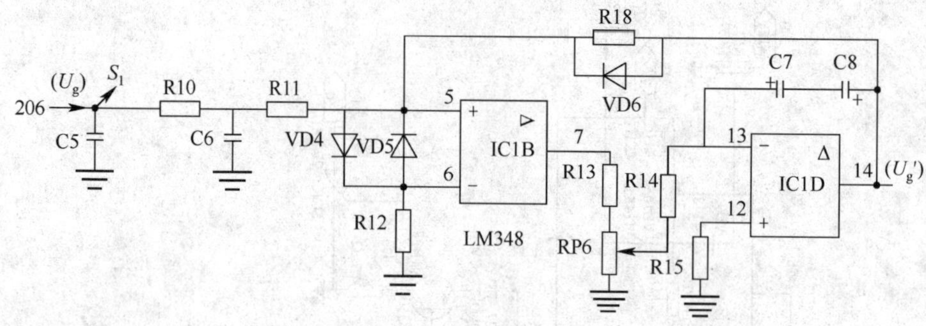

图 3—62　给定积分电路

②R10、C6 与 R11 组成无源迟后网络，起抗干扰作用（这样的 T 形阻容网络也叫给定滤波器，实际分析的时候不考虑电容影响，直接将两个电阻串联起来分析）。迟后网络对低频有用信号不产生衰变，而对高频噪声信号有削弱作用，电容器容量越大，通过网络的噪声电平越低。

③运算放大器 IC1B 与其他元件组成电压求和器。

④VD4、VD5 并接在运算放大器的同相与反相输入端起正负限幅，即箝位作用，用以保护运算放大器。

2）积分器中各元件的作用

①RP6、R14、IC1D 与 C7、C8 组成积分器，将阶跃信号变成连续缓慢变化的信号。其中电位器 RP6 用来改变积分常数。

②R18 作为反馈电阻器，将积分器的输出反馈到输入端与给定电压 U_g求和，保证给定积分电路的输入信号与给定信号保持一定的比例关系。VD6 的作用为限定给定积分电路的积分输出电压极性，按图 3—62 连接时，给定积分电路将只能获得负极性的输出电压。

③C7、C8 为积分器的电容器，两个有极性的电容器同极串联使用是为了获取大容量无极性的电容。

（2）电压负反馈环节工作过程分析

1）信号取出。直流调速柜采取的是电压并联负反馈，采样电压信号由主回路的直流电压输出端经采样电路，在电阻 R108 上通过端口 44 线和 45 线取出。信号送入隔离板由直流电压隔离变换器进行变换隔离后，经隔离板电压反馈值调整电位器 RP1 的中心点输出给调节板 207 线端口作为电压反馈信号 U_{fu}。该系统各装置的接线如图 3—63 所示。

2）电压负反馈环节工作过程分析。电压负反馈环节电路原理图如图 3—64 所示。

电压反馈信号 U_{fu}（大于零的正值）经 RC 校正环节后，加至运算放大器 LM348 的⑨脚。给定信号 U_g经过给定积分环节输出电压 U_g'，U_g'与 U_{fu}综合后作用于积分先行放大调节器。由于 $U_g'<0$，$U_{fu}>0$，U_g'与 U_{fu}极性相反，因此为负反馈。电压负反馈的作用是稳定转速，提高机械特性，加快过渡过程。图中，输出电压为：

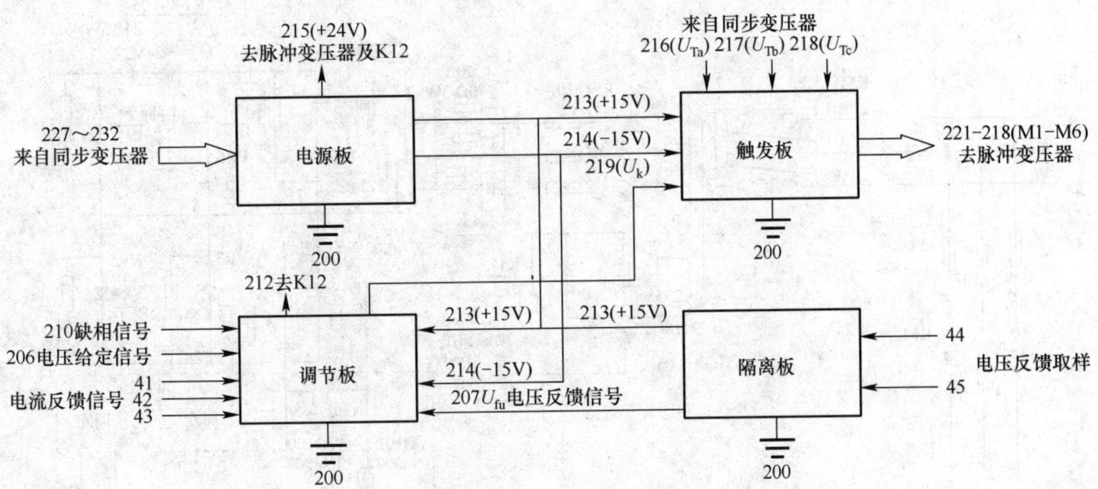

图 3—63　直流调速柜各控制电路板的接线图

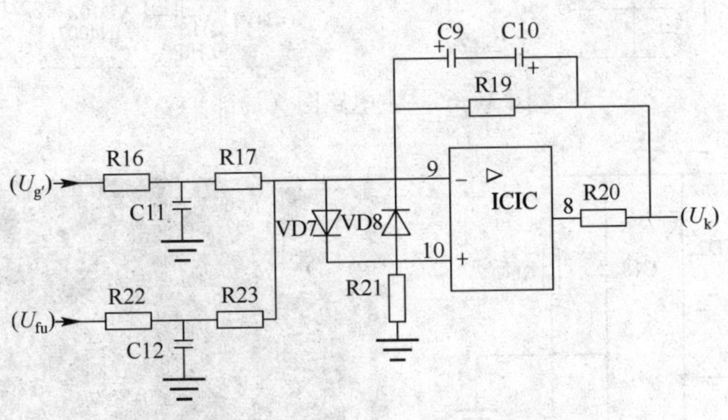

图 3—64　电压负反馈环节电路图

$$U_k = -\left(U_g' \times \frac{R_{19}}{R_{16}+R_{17}} + U_{fu} \times \frac{R_{19}}{R_{22}+R_{23}}\right)$$

2. 电流截止负反馈环节

(1) 电流取样

取样电路在主电路交流二次侧，通过三相交流互感器，分别取出流过主电路的三相电流，并通过 41、42、43 信号线，送入调节板 TJB。

电流互感器在原理上相当于一个升压变压器，为防止出现高压，输出端不允许开路，所以在电路中增加了 3 个并联电阻，如图 3—65 所示。

(2) 取样电流的变换及处理

1) 将通过交流互感器取样得到的信号送入调节板（TJB），经三相全波整流后获得与主电路直流基本呈线性关系的 $+U_{fi}$和 $-U_{fi}$，而后进入调节环节。C18、R38 与 C19、R39 组成简易滤波电路，并对称接地，得到随主电路电流变化的一对直流电压信号 $+U_{fi}$和 $-U_{fi}$。其中，$+U_{fi}$用于电流截止负反馈电路；$-U_{fi}$用于过流值整定电路，如图 3—66 所示。

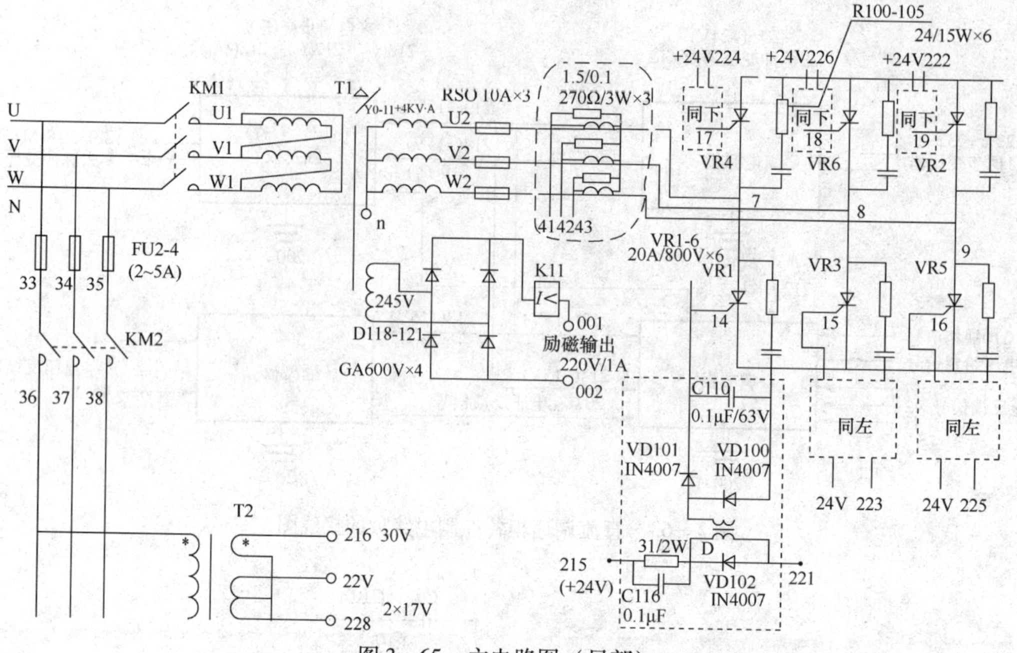

图 3—65　主电路图（局部）

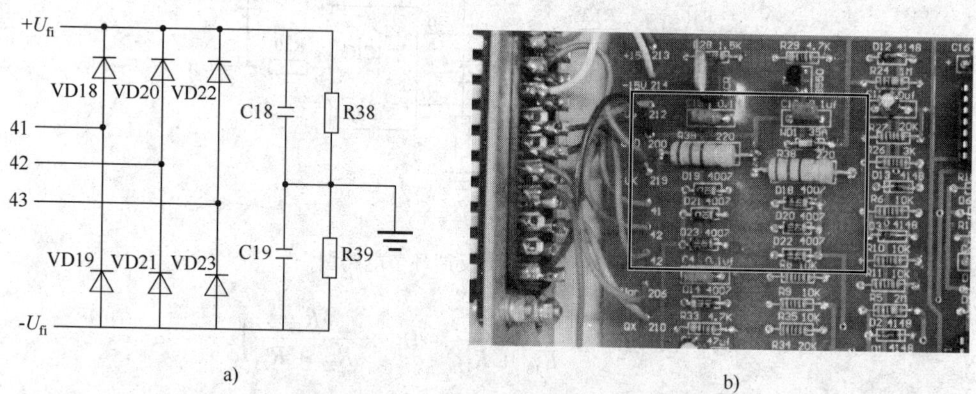

a)　　b)

图 3—66　交流信号变换电路（TJB 局部）

a）电路图　b）实物图

2）电流截止负反馈电路分析。电流截止负反馈电路原理如图 3—67 所示。

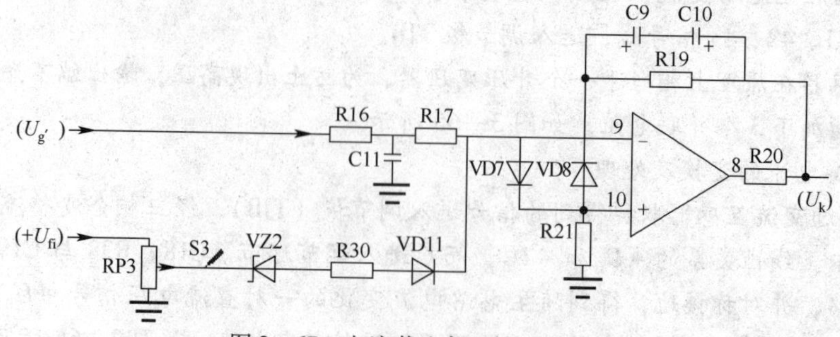

图 3—67　电流截止负反馈电路原理

$+U_{fi}$经电位器 RP3 调节反馈强度后得到整定值U_i，作为稳压二极管的稳压值。

当主电路正常工作时，U_i小于 VZ2 的稳压值，稳压管不会被击穿，$U_{a2}=0$ V。此时电流反馈信号电压对电路没有任何影响；当U_i大于 VZ2 +0.7 V 时，$U_{a2}>0$ V，此信号与给定积分器的输出信号和低速封锁电路的输出信号U_{fu}在线性积分电路的输入端叠加，使U_k值减小，从而使输出电压变低，负载电流不再上升，如图 3—68 所示。

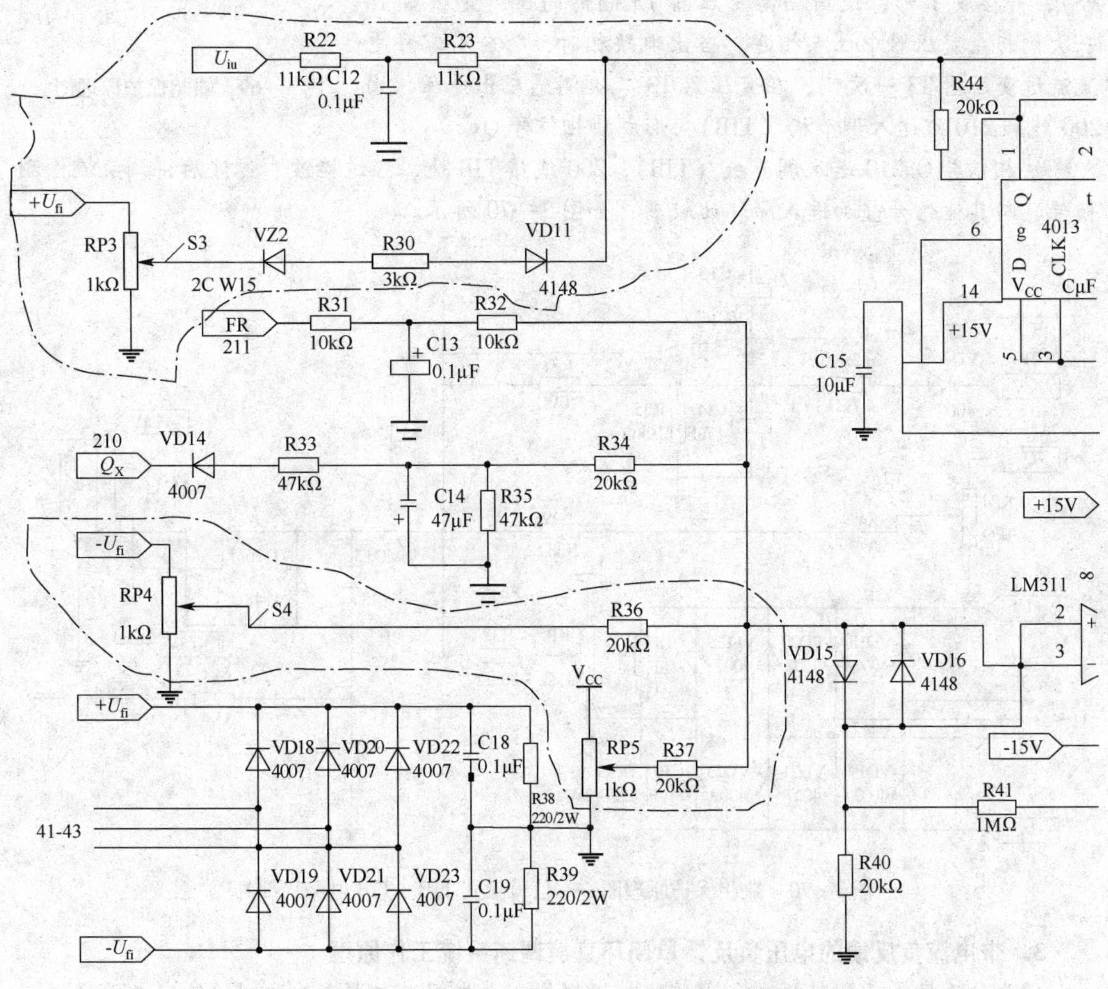

图 3—68　电流截止负反馈电路原理（TJB 局部）

（3）过电流保护电路的优点

一方面可实施过电流的保护，以防损坏晶闸管和电动机；另一方面使电动机获得挖土机特性，即当负载电流$I<1.25I_e$时，电流截止负反馈不影响电路，使得拖动系统迅速克服负载转矩的波动；当$I>1.25I_e$时，由于反馈的作用使电动机电枢两端电压下降，有效地进行过载保护，而当负载转矩减小后还可以自动恢复正常进行。

电动机获得挖土机特性的实质是在一定范围内利用电路和电动机的过载能力，当负载加重、转速降低时，尽量保持或加大转矩输出，在克服负载阻转矩后，重新拉起转速，进入正常工况，类似于挖土机将挖斗装满土，并发力挖起的工作状态。

（4）缺相检测及保护

三相交流如采用Y形联结，当发生缺相时就会出现零序电流，通常利用此特性来检测缺相的发生，如图3—69所示。

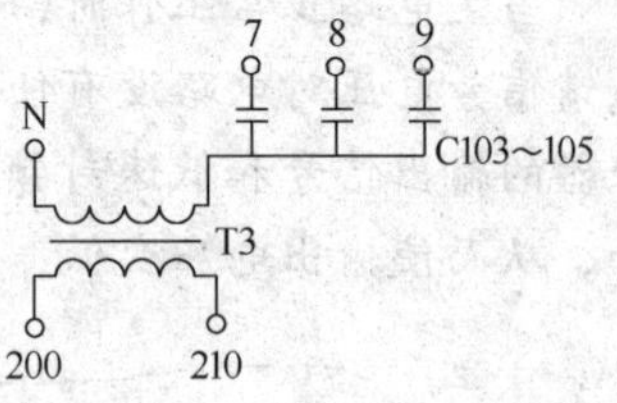

图3—69　缺相保护原理图

7线、8线、9线为主变压器输出，通过电容分压（耦合），并接成Y形，使用隔离变压器T3隔离高压，变压器T3一次侧与主变压器中性点相连。当出现缺相时，将会有零序电流流过变压器T3一次侧，在变压器T3二次侧感应出电压，由200线和210线送入调节板（TJB），形成缺相信号Qx。

缺相信号Qx210送入调节板（TJB），200线接TJB地，经过检波、滤波后得到直流检测信号，与其他信号叠加进入滞环比较器，如图3—70所示。

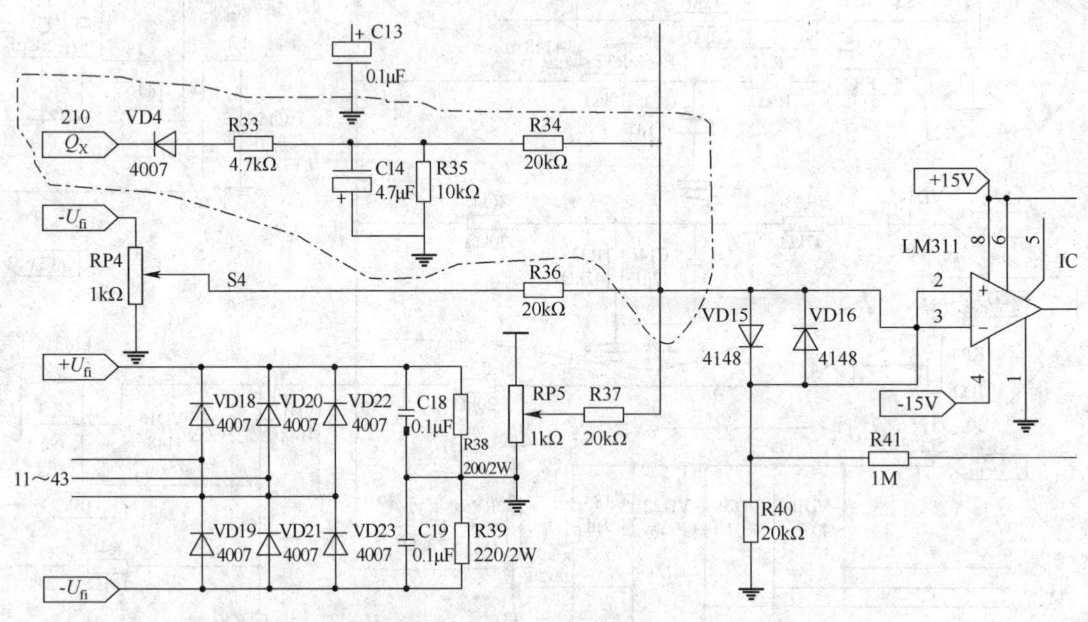

图3—70　缺相保护原理图——信号输入TJB（TJB电路局部）

3. 带电流负反馈的电压负反馈单闭环直流调速系统工作原理

首先使系统处于闭环状态。由前述知识得知，由中间继电器KA控制的给定电源通过一电阻器R12加到控制盘上的给定电位器，调节此电位器可得到0~10 V的直流给定电压，前级信号U_a经电阻R13和电位器RP6分压后，作为积分器的输入信号，调节RP6可改变积分常数（即积分时间），经由IC2、C7、C8等元件组成的积分输出，再经校正网络输出U_a与其他信号综合，作用于后面的放大器，可将信号进行比例放大的同时，还具有减小静差率、提高稳定性的作用。由于C9、C10的作用，使输出信号不能突变，只能缓慢变化。然后通过调速电阻值来改变电容器的充放电时间，从而改变单结晶体管的振荡频率，实际改变控制晶闸管的移相触发角，达到移相触发目的。经整流后，输出直流电源，向被控电动机电枢馈送电能。通过控制晶闸管整流元件的导通角度，就可以调节整流电路的输出直流电压。通过电压隔离器将取自主回路的电压反馈信号44线、45线变换、隔离后，作为电压负反馈的输入信号。当调压柜的负载电流超过负载额定电流的一定倍数（对于本系统为额定电流的1.2倍，即12 A）时，使系统的电流截止负反馈电路起作用，形成挖土机特性。电流截止负反馈由主电路的直流侧通过直流互感器将信号取出。电压、电流反馈量均与给定电压并联综合。从晶闸管输出端按一定比例反馈过来的直流电压，经电压隔离器隔离后加到调节放大单元。由于给定电压和反馈电压是反极性连接，所以构成电压负反馈。加到运算放大器输入端的电压为给定电压与反馈电压的差值ΔU，其值经PI调节运算后，加到触发器的输入端作为触发器的控制电压，最终可以使系统达到稳定。

2. 单闭环直流调速系统的安装接线

直流调速柜的接线分为主电路接线和控制电路接线两部分。

（1）主电路接线

单闭环直流调速系统的主电路接线方法与开环系统主电路的接线方法相同，参见实训2。

（2）控制电路接线

控制电路接线时，将调节板中的短路片接到闭环位置，如图3—71所示，再将电源板、触发板、调节板、隔离板安装在对应位置。

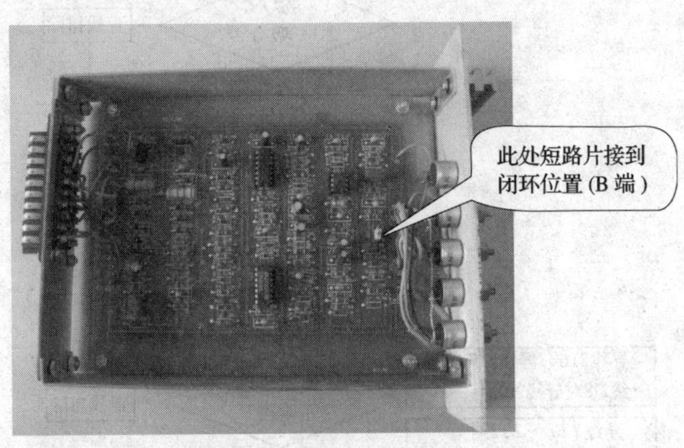

图3—71　调节板的正面视图

3. 通电前的检查

在通电调试前，应先对整机（包括接线提示、绝缘、冷却等方面）进行全面的检查。确认无误后方可通电。

（1）校对电源相序

用示波器（或相序表）校对主电源与同步变压器的相序是否对应。使用示波器时，要特别注意安全保护，应将电源接地端断开，但此时机壳带电，必须注意对地绝缘，以防人身触电。

（2）继电控制电路

接通电源，按规定顺序操作面板上的按钮，检查继电器工作状态和控制顺序是否正常，此时各控制板均已拆下，不工作。

(3) 开机操作顺序如下

1) 接通标有"控制电路接通"的主令开关 QS1，控制回路接触器 KM2 线圈得电，常开触点闭合，控制回路电源接通。

2) 接通标有"主电路接通"的主令开关 QS2，主回路接触器 KM1 线圈得电，常开触点闭合，整流变压器 T1 得电，并将三相交流电送至晶闸管整流桥输入端，同时励磁电源得电。

3) 按下"给定回路得电"按钮 SB2，给定回路继电器 KA 线圈得电，常开触点闭合，给定回路电源接通。

(4) 停机操作顺序如下

1) 按下"给定回路断开"按钮，给定电路被切断。

2) 关断"主电路接通"主令开关 QS2，KM1 线圈失电，常开触点断开，切断主电路电源。

3) 关断"控制电路接通"主令开关 QS1，KM2 线圈失电，常开触点断开，切断控制电路电源。

(5) 继电线路检查

继电线路检查流程如图 3—72 所示。

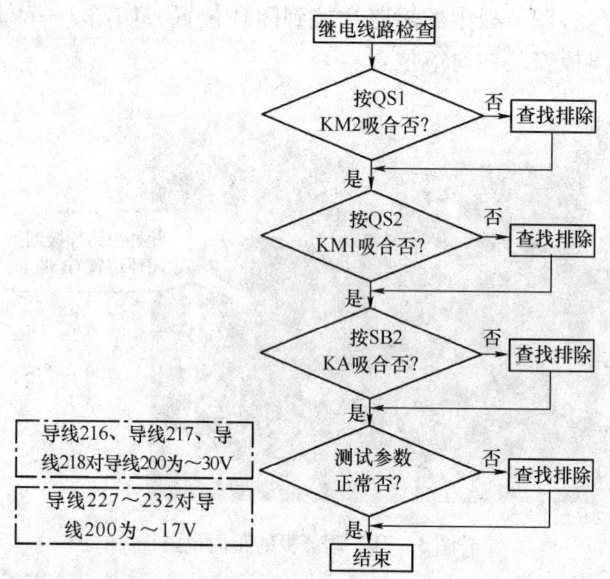

图 3—72　继电线路检查流程图

4. 单闭环直流调速系统的调试

(1) 对各控制板的调试

1) 电源板。电源板是主要由整流桥（Q1 ~ Q3）组成的桥式整流电路，滤波后接 LM7815 和 LM7915 集成稳压器的输入端，其输出为各控制板及脉冲变压器提供电源。直流电源板调试流程如图 3—73 所示。

首先检查各输入量是否正常。将转接线插入电源板的插座内，接通电源，闭合"控制电路接通"主令开关，使用万用表逐点测量各输入电压是否正常（导线 200 对导线 227、导线 228、导线 229、导线 230、导线 231、导线 232 应为交流 17 V 电压），并将测量值填入表 3—10。

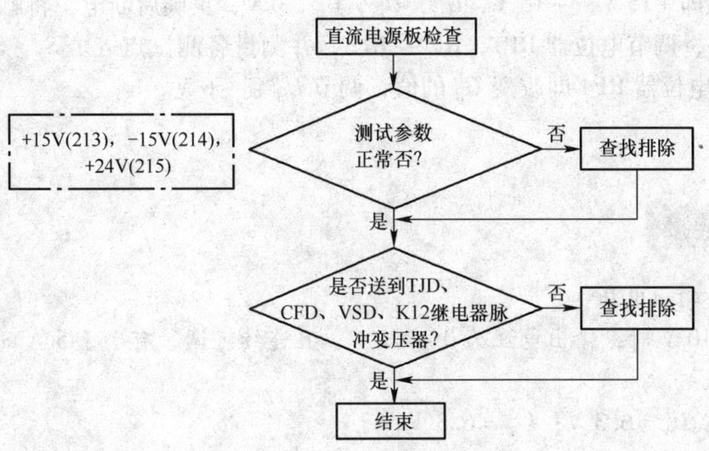

图 3—73　直流电源板调试流程图

表 3—10　　电源板输入电压

线　号	相对导线 200 的电压（V）
227	
228	
229	
230	
231	
232	

以上测试电压正确后，断电将电源板安装好，再次闭合控制电路，测量各输出点电压是否正确，即有无 +24 V，+15 V，−15 V 输出（S_4 测试点对 S_1 测试点应为 24 V，对 S_2 测试点应为 +15 V，对 S_3 测试点应为 −15 V），并将测量值填入表 3—11。

表 3—11　　电源板输出电压

测试点（V）	参考电位测试点 S_4（V）
S_1	
S_2	
S_3	

如果数值正确，前面板的三个发光二极管应正常发亮。

2）隔离板。首先检查各输入量是否正常，即 +15 V 是否正常，接线是否正确。而后插入电源板和隔离板，此时主电路尚未工作，所以导线 44 线与 45 线均无电压。闭合控制电路，若有蜂鸣声，则表示振荡变压器工作正常，2 kHz 方波已经产生。

3）触发板。触发板主要为晶闸管提供双窄脉冲。

此时由于没有安装调节板，所以 $U_k=0$ V。闭合控制电路，首先用转接线分别测量各输入量是否正确。即 +15 V，-15 V，U_{ta}，U_{tb}，U_{tc}，0 V，正确后断电，将触发板安装好，再次闭合控制电路，调节电位器 RP1，RP2，RP3，并测量各测试点 S_1，S_2，S_3 电压均为直流电压6 V，调节电位器 RP4 即改变 U_p 的值，调节 U_p 到 -6 V。

知识链接

（1）闭环时输出电压

当 $U_g=0\sim10$ V 时，输出电压为 0~220 V，且连续可调。有小于 5 A 的输出电流。

（2）测试点

$U_U=6.3$ V；$U_V=6.3$ V；$U_W=6.3$ V；

$U_{fU}=U_g$；$U_P=-7.5$ V-10.5 V；

$U_{-xf}=-1$ V；$U_{+xf}=5$ V。

将隔离板上的电压反馈电位器 RP1（逆时针）调整到最大（即取消反馈电压）；将调节板上的限幅电位器 RP1 调至限幅值为 5 V 左右；调节给定电位器，逐渐加大给定电压，使给定值达到最大，输出电压应为最大即 $U_d=300$ V；调节调节板上的限幅电位器 RP1，使输出电压 $U_d=270$ V；逐渐加大隔离板上的电位器 RP1（顺时针），使输出电压 $U_d=220$ V，此时闭环调整结束。其正常状态为：

$U_{WU}=6$ V、$U_{WV}=6$ V、$U_{WW}=6$ V、$U_{WP}=-6$ V；限幅值为 5 V 左右；$U_g=0\sim10$ V，$U_d=0\sim220$ V，且连续可调；负载电流表有一定的电流值。

测试步骤：

1）确定各反馈量极性。反馈极性的测定：

①从零逐渐增加给定电压，U_d 应从 0~300 V 变化，将 U_d 调节到额定电压 220 V，用万用表电压挡测量 RP2 电位器的中间点（对 L），看其极性是否为正，如极性为正则正确，将电压值调为最大。

②断开电源，将电动机励磁与电枢连接好，测速发电机接好，接通电源，接通主电路，给定回路，缓慢调节给定电位器，增加给定电压，电动机从零速逐渐上升，调到某一转速，用万用表电压挡测量电位器 RP1 的中间点，看其值是否为负极性，将电压值调为最大。

2）调整隔离板上的电压反馈电位器 RP1（顺时针）。

3）调节板。调节板是控制电路的核心，它主要由给定积分放大器、零速封锁电路、滤波型调节器、速度调节器、电流调节器、过电流整定电路、缺相保护电路、保护报警电路、过流保护电路等组成。

首先检查各输入量是否正常，-15 V，+15 V，$U_g=0\sim10$ V，$U_{fu}=0$ V，$Q_x=0$ V，而后将调节板安装好，把短路环放在开环位置，测量 $U_k=0\sim10$ V。闭合主电路，观察输出是否连续可调。

（2）开环调整（带阻性负载）

1）初始相位角的调整。将四块功能板安装好，将调节板置于开环状态，给定调节电位器调至最小，并接通控制电路、主电路和给定电路，调节给定调节电位器使 $U_g=0$ V，调整触发板的 RP 电位器，使 $U_d=0$ V，初始相位角调整结束。

2）调节给定调节电位器，逐渐加大给定电压至最大值，观察电压表的变化，电压指示应连续增加至 300 V，且线性可调。

3）确定各反馈量极性。调节给定电位器，使主电路有直流输出，测量各反馈量极性是否正确，$U_{fu}=0\sim10$ V。

至此系统开环状态已调整好。其正常状态为：

$U_{WA}=6$ V，$U_{WB}=6$ V，$U_{WC}=6$ V，$U_{WP}=-6$ V；$U_g=0\sim10$ V，$U_d=0\sim300$ V，且连续可调；负载电流表有一定的电流值。注：参数为参考电压值，不同负载可能参数整定有偏差。

（3）闭环调试

将隔离板上的电压反馈电位器 RP1（逆时针）调整到最大（即取消反馈电压）；将调节板上的限幅电位器 RP1 调至限幅值为 5 V 左右；调节给定电位器，逐渐加大给定电压，使给定值达到最大，输出电压应为最大，即 $U_d=300$ V；调节调节板上的限幅电位器 RP1，使输出电压 $U_d=270$ V；逐渐加大隔离板上的电位器 RP1（顺时针），使输出电压 $U_d=220$ V，此时闭环调整结束。其正常状态为：

$U_{WA}=6$ V、$U_{WB}=6$ V、$U_{WC}=6$ V、$U_{WP}=-6$ V；限幅值为 5 V 左右；$U_g=0\sim10$ V，$U_d=0\sim220$ V，且连续可调；负载电流表有一定的电流值。

（4）带模拟负载时，过流值的整定和节流质的整定

1）过流值的整定。将调节板内的 RP5 的输出电压调到 6～7 V，闭合各电路，调节给定电位器，使输出电压达到 220 V；增加负载（即调节电阻箱的阻值），负载电流增加，当电流表指示电流值达到电枢额定电流值的 2.2 倍时（$I_d=2.2I_e$），停止增加负载；调整调节板上的电位器 RP4，使保护电路动作，即切断主电路，故障指示灯亮；此时调节板上的电位器 RP4 的电压值为过流值的整定值。切断控制回路，将电阻箱的阻值复原。

2）截流值的调整。将调节板上的电流截止负反馈电位器 RP3 顺时针调到最大，闭合各电路，调节给定电位器，使输出电压达到 220 V；增加负载（即调节电阻箱的阻值），负载电流增加，当电流表指示电流值达到电枢额定电流值的 1.5 倍时（$I_d=1.5I_e$），停止增加负载；调整调节板上的电流截止负反馈电位器 RP3（逆时针），当电压表数值开始减小时，停止调节电流截止负反馈电位器 RP3，再增加负载，此时负载电流基本保持不变，而输出电压却在下降。至此，截流值整定调试完毕，直流调速带模拟负载系统调整完毕。

（5）带电动机负载时，保护环节调试

1）过流值的整定。将调节板内的 RP5 的输出电压调到 6～7 V，闭合各电路，调节给定电位器，使输出电压达到 220 V；增加负载，负载电流增加，当电流表指示电流值达到电枢额定电流值的 2.2 倍时（$I_d=2.2I_e$），停止增加负载；调整调节板上的电位器 RP4，使保护电路动作，即切断主电路，故障指示灯亮；此时调节板上的电位器 RP4 的电压值为过流值的整定值。

2）电动机堵转截流值的调整。将调节板上的电流截止负反馈电位器 RP3 顺时针调到最大，闭合各电路，调节给定电位器，使输出电压达到 220 V；增加负载使电动机堵转，调整调节板上的电流截止负反馈电位器 RP3（逆时针），当电压表数值开始减小时，停止调节电流截止负反馈电位器 RP3，再增加负载，此时负载电流基本保持不变，而输出电压却在下降。至此，截流值整定调试完毕。

5．一般故障的检测与排除

（1）隔离板常见故障的检修

1）观察故障现象，分析故障原因

①观察故障现象：电压负反馈单闭环直流调速系统接通电源后，稍加给定，转速迅速上升为最高转速。

②分析故障原因：根据故障现象，对电路进行原理分析，并整理出故障原因的相关信息。

隔离电路常见故障及原因分析，见表3—12。

表3—12　　隔离电路常见故障及原因分析

序号	故障现象	故障原因分析	
		故障点	故障原因
1	振荡电路不工作，没有蜂鸣声	无+15 V电源	电源板故障
			+15 V电源电路断开或焊点脱焊
		VT1或VT2不工作	VT1或VT2损坏
			VT1或VT2的基极断开或焊点脱焊
			VD1或VD2击穿短路
2	有蜂鸣声，但没有反馈电压输出	⑨，⑩脚反接	将VT2接成了负反馈电路，振荡环节不能工作
		⑪，⑫脚反接	
		⑦，⑧脚反接	将VT1接成了负反馈电路，振荡环节不能工作
		⑤，⑥脚反接	
3	反馈电压低一半	VD5或VD6断开	整流电路只有一半工作，成为半波整流电路
		VT3或VT4不工作	调制电压只有半个方波
		VD4或VD7击穿短路	导致VT3或VT4不工作，调制电压只有半个方波
4	振荡电路正常，隔离电路不工作，没有反馈电压	44线，45线端无直流电压输入	44线或45线断开
			取样电路R107或R108断开
5	振荡电路正常，隔离电路正常，但没有反馈电压输出	VD5，VD6断开	VD5，VD6均烧坏或焊点脱焊
		RP1断开	RP1焊点脱焊

2）查找故障点，并修复故障

①断开电源，抽出隔离电路板仔细观察，是否有器件损坏变色的痕迹，了解是否有故障发生时产生的声、光、味等异常现象，初步确定故障范围。

②接通 +15 V 电源，有蜂鸣声，则说明振荡电路工作正常。

③断电后，抽出隔离板，检查 44、45 线是否有断开或虚接。若无，检查取样电阻 R107 或 R108 是否断开，将线路连接好，排除故障。

④将隔离板安放好，重新通电调试运行。

（2）调节板常见故障

1）观察故障现象，分析故障原因

①观察故障现象：单闭环直流调速系统在运行过程中出现电动机转速波动现象。

②分析故障原因：根据故障现象，对电路进行原理分析，并整理出故障原因的相关信息。

调节板常见故障原因主要有以下几个方面：

（1）调节电路常见故障的原因分析，见表 3—13。

表 3—13　调节电路常见故障及原因分析

序号	故障现象	故障原因分析	
		故障点	故障原因
1	单闭环调节系统中电动机始终振荡	（1）减小 C7，C8 电容值	（1）给定积分环节积分强度不足
		（2）增大 R19 电阻值	（2）放大器增益过大，导致系统不稳
		（3）减小 C9，C10 电容值	（3）积分先行放大器积分强度不足，导致静差过大
		（4）机外干扰	（4）防干扰差
		（5）反馈环节出问题	（5）无电压负反馈调节
2	$U_g=0$ 时仍有 U_k 值，$U_d>0$	反接 VD9	正限幅的限幅电压接入电路，影响 U_k 值
3	U_k 值偏低，U_d 达不到最大值	减小 R19 电阻值	比例系数过小，导致 U_k 偏低
4	没有 U_k 输出	LM348 损坏	给定积分环节、比例放大环节无效
5	电压较低时不能调节	减小 R1 电阻值	零速封锁电压过高

（2）保护电路常见故障的原因分析，见表 3—14。

表 3—14　　保护电路常见故障及原因分析

序号	故障现象	故障原因分析	
		故障点	故障原因
1	通电即出现熔断器熔断	某相熔断器	熔断器规格选择不当
		系统或负载存在短路现象	电动机故障
			晶闸管出现击穿
			主回路存在短路现象
2	电源供电正常，但出现缺相保护	缺相耦合电容失效	存在严重漏电或击穿现象
		7，8，9 线其中存在接触不良	装接工艺存在缺陷
3	电源供电正常，但输出电压不能上调到 220 V，或超过即出现报警和跳闸现象	过流值整定不正确	RP3 调节不当
		截流值整定不正确	RP4 调节不当
		基准电压设置不当	RP5 调节不当
4	空载运行正常，电压可调，带负载即跳闸、报警	过流值整定不正确	RP4 调节不当
5	出现缺相，但没报警，也不能终止系统工作	R33、R34 断开	烧坏或焊点脱焊
		VD04 出现断路	VD04 损坏

（3）反馈电路常见故障的原因分析，见表 3—15。

表 3—15　　反馈电路常见故障及原因分析

序号	故障现象	故障原因分析	
		故障点	故障原因
1	U_d 值偏低	（1）减小单闭环调节板 R22 或 R23 阻值；单闭环隔离板 RP1 反馈强度过大	（1）电压负反馈强度过大
		（2）VZ2 被击穿	（2）电流截止负反馈参与调节
2	电流截止负反馈电路不能正常工作	（1）电流截止负反馈取样电路整流管击穿	（1）电路混入交流成分
		（2）电流截止负反馈取样电路 41 线 ~ 43 线端口断开	（2）41 线 ~ 43 线端口虚焊、漏焊或烧毁，无电流截止负反馈信号
		（3）电流截止负反馈电路任意元件烧毁	（3）电流截止负反馈电路断路，无电流截止负反馈信号
		（4）电位器 RP3 反馈系数调节过小	（4）无法击穿 VZ2
3	电动机转速不稳定	电压负反馈环节断路；电容器 C12 被击穿；隔离板出现问题	电压负反馈环节不起作用
4	没有 U_k 输出	（1）运放失效	（1）LM348 损坏或虚焊、漏焊
		（2）±15 V 电压不正常	（2）LM348 无工作电压，无法正常工作
		（3）电阻器 R10 断开	（3）输出断开

(4) 系统其他常见故障及原因分析，见表 3—16。

表 3—16　　系统其他常见故障及原因分析

序号	故障现象	故障原因分析	
		故障点	故障原因
1	该相脉冲没有输出	KC04 损坏	根据 U_d 和 U_{vt}波形，判断故障
2	相序不正确，电压在小范围内波动	U_{tU}，U_{tV}，U_{tW}的顺序	改变 U_{tU}，U_{tV}，U_{tW}的顺序
3	KM1 不闭合	(1) U 相电压 (2) KM2 主触头 (3) U 相熔断器及其处电路 (4) QS2 无法闭合及接线断路 (5) KM2 的常开 (6) KM1 线圈或外接线	(1) U 相电压为零 (2) KM2 主触头没有闭合 (3) U 相熔断器及其处电路断开 (4) QS2 无法闭合及接线断路 (5) KM2 常开闭合不上 (6) KM1 线圈或外接线断路
4	没有 U_k 输出	LM324 损坏	给定积分器、比例放大器均损坏 U_k =0 V
5	通电，保护电路工作	RP5 的 15 V 电源断开	比较电压过低

2) 查找故障点，并修复故障

①观察电动机转速是否周期性变化。若周期性变化，可能有设备外干扰或放大器有问题；若无周期性变化，可能给定信号不稳或反馈回路有问题。

②断开电源，抽出调节板仔细观察，是否有器件损坏变色的痕迹，了解是否有故障发生时产生的声、光、味等异常现象，初步确定故障范围。

③将放大器输入端短路，用示波器观察放大器输出端波形，若振荡消失，则为设备外干扰，查找干扰源或增加滤波电路。

④用万用表检查元件 BP6，C7，C8，C9，C10，R19 的参数值以及是否损坏。

⑤在线检测，在 U_g端接入 0 ~ 10 V 的可调电源，将 U_{fu}端接地，观察 LM348 – 14 线及 U_k输出端电压。

⑥插入调节板，通电运行调试。

四、评分标准

表 3—17　　考核评分标准表

项目	分值	标准	得分
1. 认识	10	1) 能指出隔离板的位置并简要说明隔离板的功能（5 分） 2) 能指出调节板的位置并简要说明隔离板的功能（5 分）	
2. 接线	20	1) 主电路接线正确（10 分） 2) 控制电路安装正确（10 分）	

续表

项目	分值	标准		得分
3. 调试	40	1）隔离电路的调试（10 分） 2）调节板中电压负反馈的调试（10 分） 3）调节板中电流截止负反馈的调试（10 分） 4）单闭环控制系统的调试（10 分）		
4. 故障检测和处理	20	1）随机设置一处隔离板故障（10 分） 2）随机设置一处调节板故障（10 分）		
5. 安全文明生产	10	1）劳动保护用品穿戴整齐（2 分） 2）保持环境整洁，秩序井然，操作习惯良好（3 分） 3）安全用电，无人为损坏元器件和设备（5 分）		
指导教师评价			合计	

本章小结

单闭环直流调速系统是在开环直流调速系统的基础之上，通过增加反馈检测环节和比较放大电路，采用闭环控制构成的，是一种非常重要且比较常见的直流调速系统。同时，学习单闭环直流调速系统的相关知识是学习双闭环直流调速系统的基础，为双闭环直流调速系统的学习做铺垫。本章重点介绍了转速负反馈单闭环直流调速系统、转速负反馈单闭环无静差直流调速系统、带电流正反馈的电压负反馈单闭环直流调速系统、带电流截止负反馈的单闭环直流调速系统的各部分组成结构、工作原理及系统的自调节过程等。主要内容总结如下：

1. 转速负反馈单闭环直流调速系统的结构

它是在开环直流调速系统的基础上增加了转速检测环节和比较放大电路两部分。转速检测环节为直流测速发电机；比较放大电路为比例调节器。

2. 转速负反馈单闭环直流调速系统的工作原理

（1）改变给定电压 U_g，可以调节直流电动机的转速。

（2）当给定电压 U_g 不变时，如果电动机所接负载发生变化，电动机的转速 n 也会发生变化。其调节过程分为电动机内部自动调节过程和转速负反馈自动调节过程。

（3）转速负反馈单闭环直流调速系统的结论

1）转速负反馈自动调节过程依靠偏差电压 ΔU 来进行调节。

2）这种系统是以存在偏差为前提的，反馈环节只是检测偏差，减小偏差，而不能消除偏差，因此它是有静差调速系统。

3）经转速负反馈调整稳定后的转速将低于原来的转速。

3. 闭环系统与开环系统的性能比较

（1）闭环系统静特性可以比开环系统机械特性硬得多。

（2）如果比较同一开环和闭环系统，则闭环系统的静差率要小得多。

（3）当要求的静差率一定时，闭环系统可以大大提高调速范围。

（4）要获得以上三项优势，闭环系统必须设置放大器。

4. 转速负反馈单闭环直流调速系统具有三个基本特征

（1）由比例调节器构成有静差调速系统，利用偏差进行控制调节转速。

（2）转速跟随给定变化，闭环系统能够抑制包围在负反馈环内的前向通道上的所有扰动。

（3）闭环系统的精度受到给定和反馈检测环节精度的影响。

5. 积分（I）调节器和比例积分（PI）调节器

积分（I）调节器的输出是对输入偏差量进行时间的积累；比例积分（PI）调节器的输出电压由比例和积分两部分叠加而成。比例部分能提高系统的响应速度，积分部分则可以消除偏差，实现无静差。

6. 无静差调速

转速负反馈无静差直流调速系统采用比例积分调节器实现无静差。

7. 电压负反馈直流调速系统

为了减小体积，用一个起分压作用的电位器作为反馈检测元件，替代直流测速发电机，构成电压负反馈直流调速系统。电压负反馈直流调速系统能够使由晶闸管整流装置内阻引起的稳态速降被减少到原来的 $1/(1+K)$，但无法克服由电枢电阻引起的转速降。

8. 带电流正反馈的电压负反馈直流调速系统：采用电流正反馈在系统中起补偿作用，使调速性能在电压负反馈调速系统的基础上得到改善。

9. 带电流截止负反馈的单闭环直流调速系统：系统在原来的基础上增加电流截止负反馈保护环节，使系统具有过流保护功能，提高了系统运行的可靠性，完善了系统的功能。当电动机堵转、过载时，电流超过临界截止电流，电流截止负反馈起作用，迅速地降低转速的同时限制电流的增大，具有“挖土机”特性。

第四章

双闭环直流调速系统

学习目标

1. 掌握双闭环直流调速系统的结构及各组成部分的作用。
2. 掌握双闭环直流调速系统的启动过程及系统的自动调节原理。
3. 了解双闭环直流调速系统的静特性。

单闭环直流调速系统的转速精度较高，采用 PI 调节器后可以实现无静差调速，但在某些频繁起停的生产机械，如图 4—1 所示的纺织机械、造纸行业、龙门刨床、可逆轧钢机等机械中，要求调速系统过渡过程要短。为了提高动态过程的快速性，加入了电流调节器，构成转速 - 电流双闭环直流调速系统。转速 - 电流双闭环直流调速系统是应用最广的高性能直流调速系统。

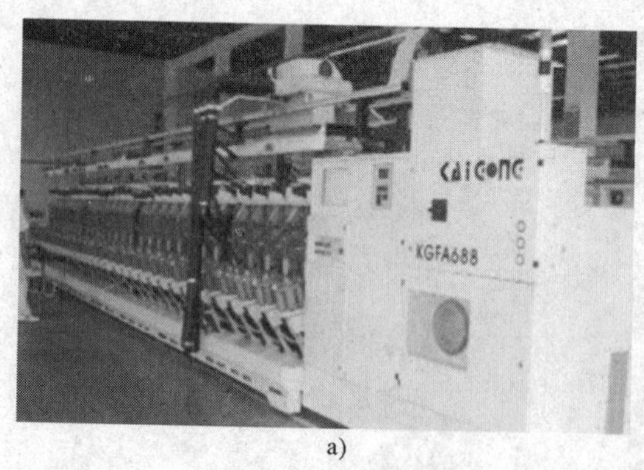

a)

b)

图 4—1 双闭环直流调速系统的应用

a）纺织机械自动络筒机 b）造纸行业复卷机

一、理想的启动电流波形

采用转速负反馈和 PI 调节器的单闭环直流调速系统可以在保证系统稳定的前提下实现转速无静差。但是，如果对系统的动态性能要求较高，例如要求快速启、制动，突加负载动态速降小等情况下，单闭环系统就难以满足需要。如图 4—2a 所示，带电流截止负反馈的单闭环直流调速系统，其启动电流在启动时达到最大值 $I_{dm} > I_B$ 后，受电流截止负反馈的作用降低下来，电动机的电磁转矩也随之减小，使得其启动时间较长。为了加快启动过程，缩短启动时间，可采用双闭环调速系统。

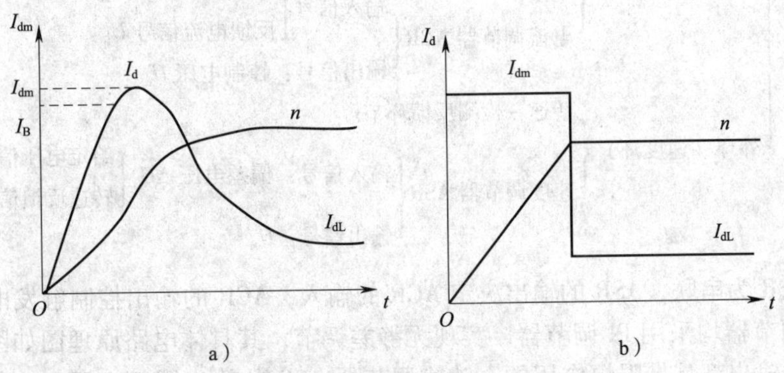

图 4—2　启动过程中电流和转速波形

a）带电流截止负反馈单闭环调速系统的启动电流波形　b）理想的快速启动电流波形

理想启动电流、转速变化波形如图 4—2b 所示，在启动过程中电流需保持为最大允许值，以得到最大启动转矩，使系统以最快加速度启动（即速度线性增长），直到达到稳定转速后，电流再迅速下降至正常值。为了实现在允许条件下的最快启动，关键是要获得一段使电流保持为最大值 I_{dm} 的恒流过程。而系统引入电流负反馈可以得到近似的恒流过程，因而系统增加了电流调节器。

二、转速 - 电流双闭环直流调速系统的组成

转速 - 电流双闭环直流调速系统结构图如图 4—3 所示。

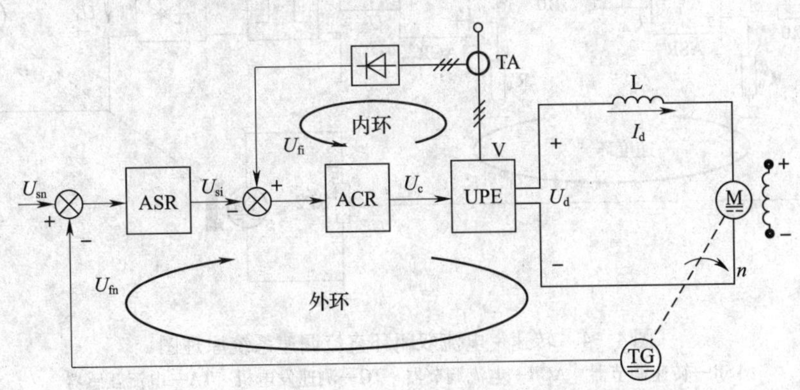

图 4—3　转速 - 电流双闭环直流调速系统结构图

ASR—转速调节器　ACR—电流调节器　TG—测速发电机

TA—电流互感器　UPE—晶闸管触发整流装置

转速 - 电流双闭环直流调速系统中，把转速调节器的输出当做电流调节器的输入，再用电流调节器的输出去控制晶闸管整流装置 UPE。电流调节器 ACR 和电流 - 检测反馈环节（电流互感器）构成电流环；速度调节器 ASR 和转速 - 检测反馈环节（测速发电机）构成

速度环。从闭环结构上看，电流环在里面，称作内环；转速环在外边，称作外环。转速－电流双闭环直流调速系统的组成关系如下所示：

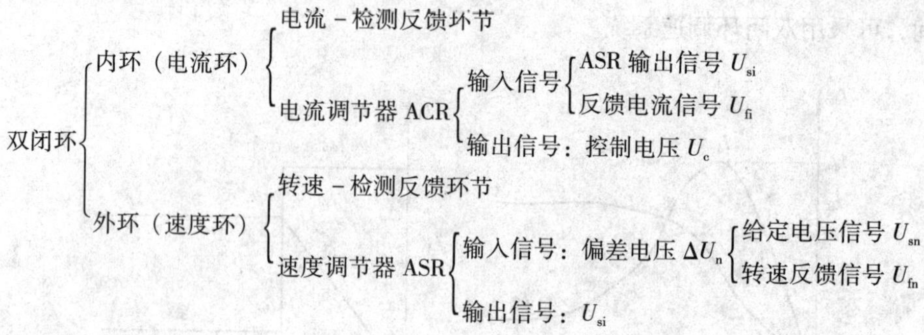

ASR、ACR 为串联，ASR 的输出决定 ACR 的输入，ACR 的输出控制触发电路。速度调节器和电流调节器均采用 PI 调节器，实现无静差调节，其具体电路原理图如图 4—4 所示。两个调节器的输出都是带限幅作用的，转速调节器 ASR 的输出限幅电压 U_{sim} 决定了电流给定电压的最大值；电流调节器 ACR 的输出限幅电压 U_{cm} 限制了晶闸管整流装置的最大输出电压 U_{dm}。

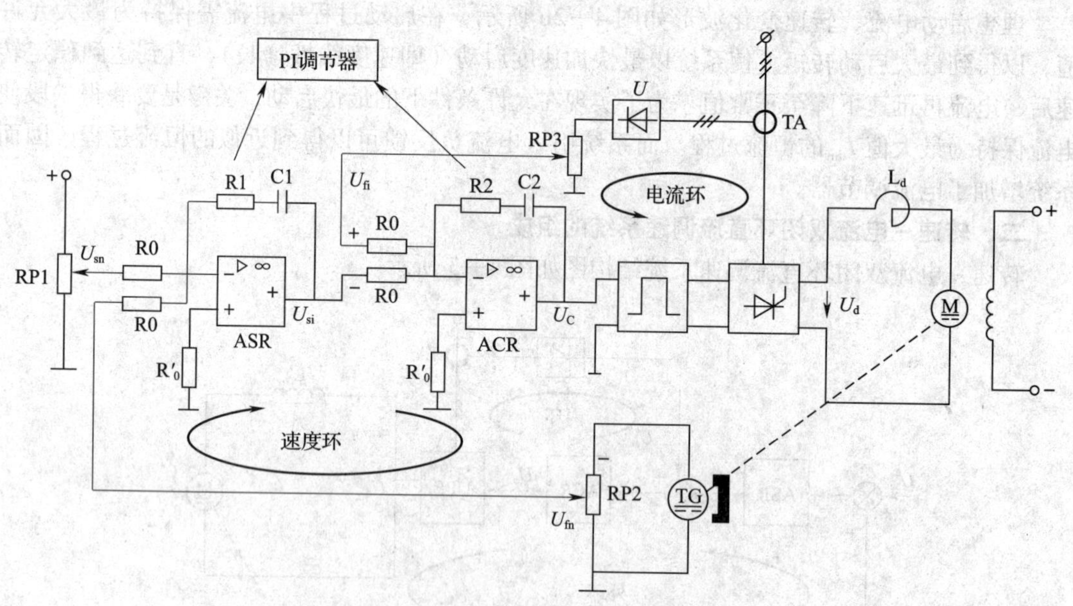

图 4—4 转速－电流双闭环直流调速系统原理图

ASR—转速调节器 ACR—电流调节器 TG—测速发电机 TA—电流互感器

电流检测电路

电流检测电路如图 4—5 所示，首先通过电流互感器检测主电路中的电流，再通过三相桥式二极管整流电路将检测的交流信号变为直流信号，再通过可调电位器输出电压信号 U_i。

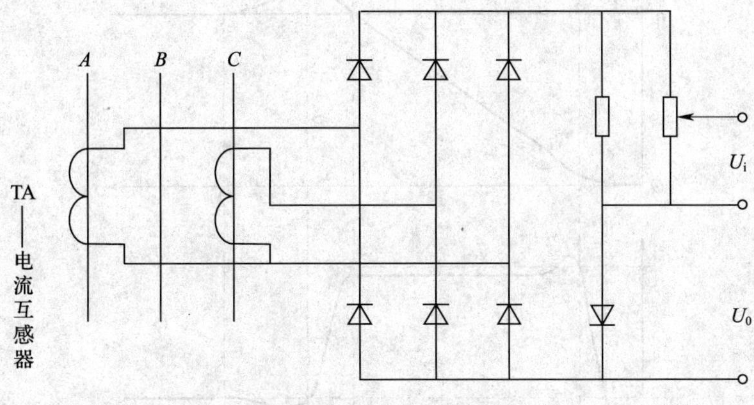

图 4—5　电流检测电路

如图 4—6 所示，在转速 - 电流双闭环直流调速系统组成框图中可以看出系统各物理量之间的关系，如：

$$\Delta U_n = U_{sn} - U_{fn} = U_{sn} - \alpha n$$

$$\Delta U_i = U_{si} - U_{fi} = U_{si} - \beta I_d$$

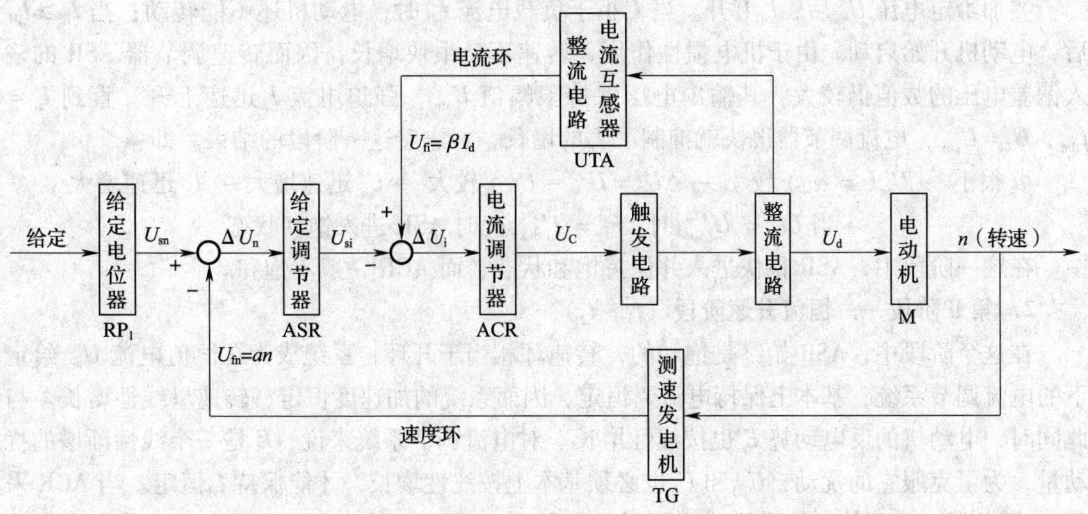

图 4—6　转速 - 电流双闭环直流调速系统组成框图

三、系统的启动过程分析

设置双闭环控制的一个重要目的就是要获得接近理想的启动过程，因此在分析双闭环直流调速系统时，首先要探讨它的启动过程。

双闭环直流调速系统突加给定电压 U_{sn} 由静止状态启动时，转速和电流的动态过程如图 4—7 所示。

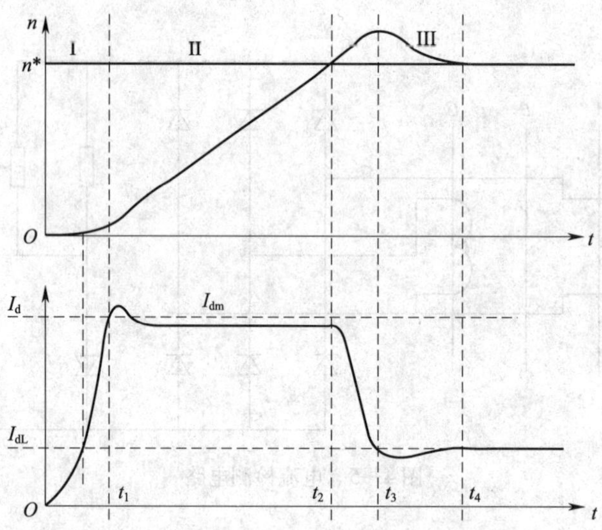

图 4—7 双闭环直流调速系统启动时的转速和电流波形

由于在启动过程中转速调节器 ASR 经历了不饱和、饱和、退饱和三种情况，因此整个动态过程分为Ⅰ、Ⅱ、Ⅲ三个阶段。

1. 第Ⅰ阶段——电流上升阶段（$0 \sim t_1$）

突加给定电压 U_{sn}后，I_d上升。当 I_d小于负载电流 I_{dL}时，电动机还不能转动；当 $I_d \geqslant I_{dL}$后，电动机开始启动。由于机电惯性作用，转速不会很快增长，因而转速调节器 ASR 的输入偏差电压的数值仍较大，其输出电压保持限幅值 U_{sim}，强迫电流 I_d迅速上升。直到 $I_d = I_{dm}$，$U_i = U_{sim}$，电流调节器很快就抑制了 I_d的增长，标志着这一阶段的结束。即：

$$n \text{ 很小} \rightarrow U_{fn}(=\alpha n) \text{ 较小} \rightarrow \Delta U(=U'_{sn}-U_{fn}) \text{ 较大} \rightarrow U_i \text{ 迅速增大} \rightarrow I_d \text{ 迅速增大}$$

$$\rightarrow \text{当 } U_{si} = U'_{sim} \text{ 时}, I_d = I'_{dm}, \text{此时 ASR 进入饱和状态}$$

在这一阶段中，ASR 很快进入并保持饱和状态，而 ACR 一般不饱和。

2. 第Ⅱ阶段——恒流升速阶段（$t_1 \sim t_2$）

在这个阶段中，ASR 始终是饱和的，转速环相当于开环，系统成为在恒值电流 U_{sim}给定下的电流调节系统，基本上保持电流 I_d恒定，因而系统的加速度恒定，转速呈线性增长。与此同时，电动机的反电动势 E 也按线性增长。对电流调节系统来说，E 是一个线性渐增的扰动量，为了克服它的扰动，U_{d0}和 U_c也必须基本上按线性增长，才能保持 I_d恒定。当 ACR 采用 PI 调节器时，要使其输出量按线性增长，其输入偏差电压必须维持一定的恒值，也就是说，I_d应略低于 I_{dm}。

恒流升速阶段是启动过程中的主要阶段。为了保证电流环的主要调节作用，在启动过程中 ACR 是不应饱和的，电力电子装置 UPE 的最大输出电压也须留有余地，这些都是设计时必须注意的。

3. 第Ⅲ阶段——转速调节阶段（t_2以后）

当转速 n 上升到给定值 n_0时，转速调节器 ASR 的输入偏差减少到零，但其输出却由于积分作用还维持在限幅值 U_{sim}，所以电动机仍在加速，使转速超调（转速超过给定值的现象叫做超调，超调现象是系统必须经历的）。转速超调后，ASR 输入偏差电压变负，使它开始退出饱和状态，U_{si}和 I_d很快下降。但是，只要 I_d仍大于负载电流 I_{dL}，转速就继续上升。直到 $I_d=I_{dL}$时，转矩 $T_e=T_L$，则 $dn/dt=0$，转速 n 才到达峰值（$t=t_3$时）。此后，电动机开始在负载的阻力下减速，与此相应，在一小段时间内（$t_3 \sim t_4$），$I_d<I_{dL}$，直到稳定。如果调节器参数整定得不够好，也会有一些振荡过程。即：

$n=n_0$ 时，由于 ASR 采用 PI 调节器，其输出仍为 U_{im}，即转速还要增加 $\rightarrow n>n_0$
$\rightarrow U_{fn}(=\alpha n)>U_{sn}\rightarrow \Delta U(=U_{sn}-U_{fn})<0\rightarrow U_i$ 迅速减小，ASR 退出饱和状态
$\rightarrow I_d$ 迅速下降，经过振荡后维持在负载电流 I_{dL}

在这最后的转速调节阶段内，ASR 和 ACR 都不饱和。ASR 起主导的转速调节作用，而 ACR 则力图使 I_d尽快地跟随其给定值 U_{si}，或者说，电流内环是一个电流随动子系统。

综上可知，在电动机启动过程中，起主要调节作用的是电流调节器 ACR。

4. 系统启动过程特点

（1）饱和非线性控制

不同情况下表现为不同结构的线性系统。

$\begin{cases}\text{ASR 饱和时，系统为恒电流调节的单闭环系统。}\\\text{ASR 不饱和时，系统为无静差调速系统。}\end{cases}$

（2）时间最优控制

在恒流升速阶段，电流保持恒定，并且为允许的最大值，充分发挥电动机的过载能力，使启动过程最快。属于电流受限制条件下的最短时间控制。

（3）转速超调

在启动过程的第Ⅱ阶段即恒流升速阶段，ASR 处于饱和状态，这是为了使电流维持在最大值，以使得转速以最大值增加。但当转速得到稳定值后，要考虑使 ASR 退出饱和。因为只有 ASR 退出饱和，才具有调节作用，在之后的过程中，当负载变化后，转速的调节才能依赖 ASR 环节进行。而 ASR 退饱和的方法就是使转速出现超调。

四、系统的工作原理及其自动调节过程

双闭环直流调速系统中，电动机的转速是由给定电压 U_{sn}来确定的，改变给定电压 U_{sn}的大小就可以调节电动机的转速。转速调节器 ASR 的输入偏差电压为 $\Delta U_n=U_{sn}-U_{fn}$，转速调节器 ASR 的输出电压 U_{si}作为电流调节器 ACR 的给定信号（ASR 输出电压的限幅值 U_{sim}决定了 ACR 给定信号的最大值）；电流调节器 ACR 的输入偏差电压为 $\Delta U_i=U_{si}-U_{fi}$，电流调节器 ACR 的输出电压 U_c作为触发电路的控制电压（ACR 输出电压的限幅值 U_{cm}决定了晶闸管整流电压的最大值 U_{dm}）；U_c调节触发控制角 α，从而决定了整流输出电压，进而控制了直流电动机的转速。

为分析方便，将调节器的输入端都看做正相端输入，系统的调节作用分析如下。

1. 电流调节器 ACR 的调节作用

电流环为由 ACR 和电流负反馈组成的闭环，它的主要作用是稳定电流。ACR 为 PI 调节器，稳态时，当 U_{si}一定时，由于电流调节器 ACR 的调节作用，整流输出电流 $I_d=U_{si}/\beta$。假设 $I_d>U_{si}/\beta$，则电流环的自动调节过程如下：

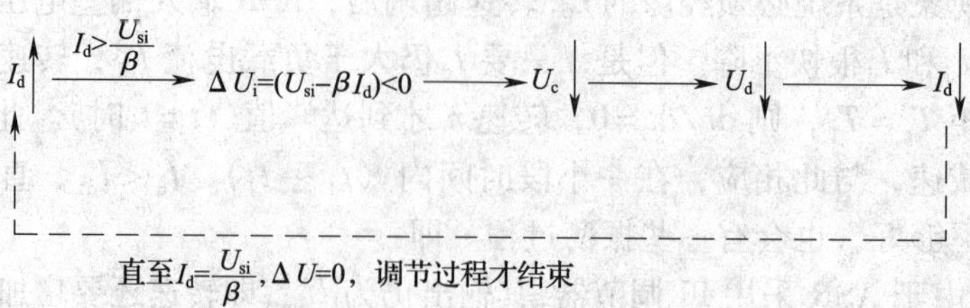

这种保持电流不变的特性，使系统具有了以下特性：

①自动限制最大电流。ASR 的输出限幅值为 U_{sim}，电流的最大值：$I_m = U_{sim}/\beta$ 一般整定为：$I_m = 2 \sim 2.5 I_N$。

②能有效抑制电网电压波动的影响。当电网电压波动而引起电流波动时，通过电流调节器的调节作用，使流过电动机的电流能很快恢复到原值。在双闭环调速系统中，电网电压的波动对转速的影响很小。

2. 速度调节器 ASR 的调节作用

速度环是由 ASR 和转速负反馈组成的闭环，它的主要作用是保持转速稳定，并最后消除转速静差。系统稳态时：$\Delta U_n = U_{sn} - U_{fn} = U_{sn} - \alpha n = 0$。

当 U_{sn} 一定时，由于速度调节器 ASR 的调节作用，达到稳定时，转速 $n = U_{sn}/\alpha$。假设 $n < U_{sn}/\alpha$，则速度环的自动调节过程如下：

n↓ $n < \frac{U_{sn}}{\alpha}$ → $\Delta U_n = (U_{sn} - \alpha n) > 0$ → U_{si}↑ → $\Delta U_i = (U_{si} - \beta I_d) > 0$ → U_c↑ → U_d↑ → n↑

直至$n = \frac{U_{sn}}{\alpha}$，$\Delta U_n = 0$，调节过程才结束

由式 $n = U_{sn}/\alpha$ 可见，调节 U_{sn}（电位器 RP1）即可调节转速 n。整定电位器 RP2，即可整定转速反馈系数 α，以整定系统的额定转速。

3. 负载变化时的自动调节过程

当负载增大时，自动调速过程如下：当负载增大，电动机的转速 n 降低，由于 $U_{fn} = \alpha n$，使得 U_{fn} 减小，速度调节器的输入信号 $\Delta U_n = U_{sn} - U_{fn}^{\downarrow} > 0$，通过速度调节器 ASR，使 ASR 的输出信号 U_{si} 增大，$\Delta U_i = U_{si}^{\uparrow} - U_{fi} > 0$，使电流调节器 ACR 的输出信号 U_c 增大，整流输出电压 U_d 升高，使 $I_d^{\uparrow} = \frac{U_d^{\uparrow} - E}{R}$ 增大，通过电流互感器反馈到 ACR 的输入编，使 $U_{fi}^{\uparrow} = \beta I_d^{\uparrow}$ 增大，通过 ACR 的调节作用，使电流跟随 U_{si} 的变化。同时，由于 U_d 增大，使得电动机的转速 n 升高，通过测速发电机，将转速信号反馈到 ASR 的输入编，使 $U_{fn}^{\uparrow} = \alpha n^{\uparrow}$ 增大，通过 ASR 的调节作用，直到 $\Delta U_n = U_{sn} - U_{fn} = 0$，电机的转速先下降后又升高，恢复到原来的数值，使转速基本保持不变。

$$T_L\uparrow \longrightarrow n\downarrow \longrightarrow \Delta U_n\uparrow \longrightarrow U_{si}\uparrow \longrightarrow \Delta U_i\uparrow \longrightarrow U_c\uparrow \longrightarrow U_d\uparrow \longrightarrow I_d\uparrow \longrightarrow n\uparrow$$

$\Delta U_i\downarrow$ 直到 $\Delta U_i=0$

$\Delta U_n\downarrow$ 直到 $\Delta U_n=0$

综上所述，转速环主要作用为保持转速稳定，消除转速偏差；电流环主要作用为稳定电流，即限制最大电流，抑制电网电压的波动。

对于调速系统，最重要的动态性能就是抗干扰性能，主要包括抗负载扰动和抗电网电压扰动的性能。从抗干扰性能方面分析，一般来说，双闭环调速系统具有比较满意的动态性能。

五、电动机堵转过程

当 $I_d < I_{dm}$ 时，转速负反馈起主要调节作用。

当电动机发生严重过载或机械部件被卡住，并当 $I_d > I_{dm}$ 时，转速负反馈饱和，输出维持在最大值 U_{sim}，不再变化，故此时电流负反馈起主要调节作用，实现过电流保护。电流调节器将使整流装置输出电压 U_d 明显降低，一方面限制了电流 I_d 继续增长，此时的电流就维持在最大值 $I_{dm} = U_{sim}/\beta$ 上；另一方面将使转速急剧下降，于是出现了很陡的下垂特性，如图 4—8 中的 AB 段。此时的调节过程如下：

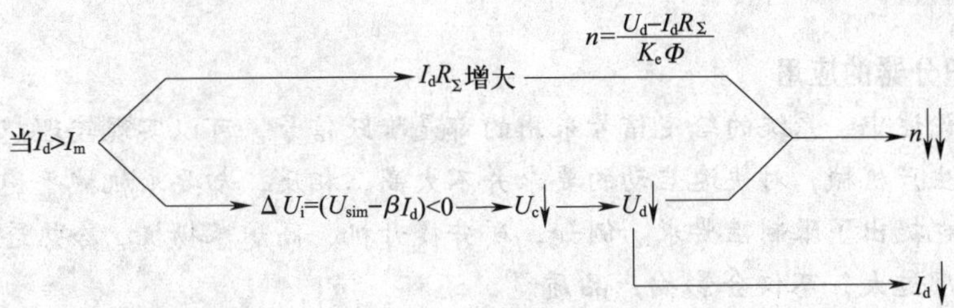

双闭环直流调速系统的机械特性如图 4—8 所示，实线为理想的“挖土机特性”，虚线为实际双闭环直流调速系统的机械特性，它已很接近理想的“挖土机特性”。

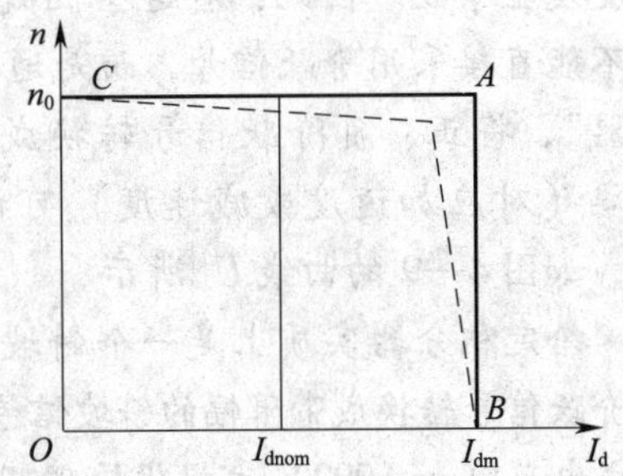

图 4—8　双闭环直流调速系统的机械特性

六、双闭环调速系统的特点

1. 转速调节器的作用

根据系统的启动过程、自调节过程和堵转过程分析，转速调节器在系统中的作用主要体现在以下几点：

（1）转速调节器是调速系统的主导调节器，它使转速 n 很快地跟随给定电压变化。稳态时可减小转速误差，如果采用 PI 调节器，则可实现无静差。

（2）对负载变化起抗干扰作用。

（3）其输出限幅值决定电动机允许的最大电流 I_{dm}（$I_{dm} = U_{sim}/\beta$）。

2. 电流调节器的作用

系统中电流调节器的作用主要体现在以下几点：

（1）电动机启动时保证获得大而稳定的启动电流，缩短启动时间，从而加快动态过程。

（2）作为内环的调节器，在外环转速的调节过程中，使电流紧紧跟随其给定电压（即外环调节器的输出量）变化。

（3）当电动机过载或堵转时，限制电枢电流的最大值，起到电流安全保护的作用（作用等同于电流截止负反馈）。故障消失后，系统能自动恢复止常。

（4）对电网电压波动起快速抑制作用。

3. 单闭环调速系统与双闭环调速系统的比较

相对于单闭环直流调速系统，双闭环直流调速系统具有以下明显的优点：

（1）具有良好的静特性（接近理想的“挖土机特性”）。

（2）具有较好的动态特性，启动时间短（动态响应快），超调量也较小。

（3）系统抗扰动能力强，电流环能较好地克服电网电压波动的影响，而速度环能抑制被它包围的各个环节扰动的影响，并最后消除转速偏差。

（4）由两个调节器分别调节电流和转速。这样，可以分别进行设计，分别调整（先调好电流环，再调速度环），调整方便。

1. 给定积分器的应用

在前面的论述中，系统的给定信号采用的都是阶跃信号，可以实现较理想的快速启动过程。但是有些生产机械，对快速启动的要求并不太高，相反，却要求机械平稳启动，并且对启动的加速度也提出了限制性要求。例如，矿井提升机、高炉卷扬机、冷热连轧机等。这些机械，若加速度过大，不仅会影响产品质量，还可能会发生事故。因此，对这些机械，系统的给定信号不能直接采用阶跃信号，而是通过一个“给定积分器”，将正、负阶跃信号转换成上升（或下降）斜率（对应加速度或减速度）可调的斜坡输入信号，如图4—9的曲线 U_s 所示。

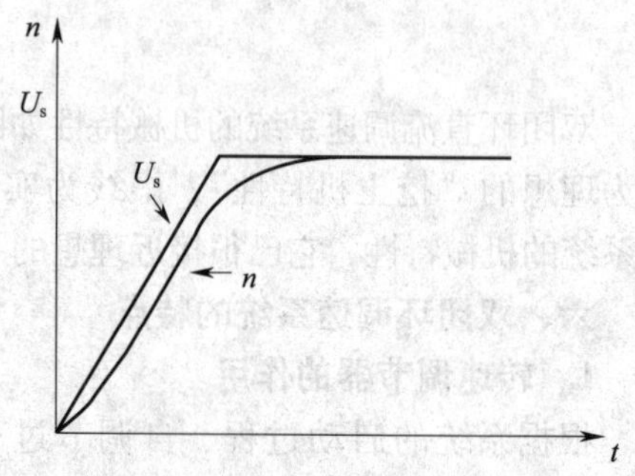

图4—9　给定积分器的启动曲线

给定积分器实质上是一个斜坡函数发生器，它将阶跃信号转换成带限幅的斜坡信号。现在有专用的集成电路（如L292）可提供较理想的控制特性。应用给定积分器后的启动曲线如图4—9的曲线 n 所示。

2. 调节器的实用电路

图4—10所示电路为速度调节器或电流调节器的实用电路，此电路采用了FC54集成芯片，其各部分电路的功能及作用如下：

（1）调节电位器RP1可实现调节器零点的调节，R1′的功能是进行调节器零点飘移的抑制，3DJ6等构成锁零电路，实现零速封锁。

（2）通过510 pF电容来消除寄生振荡。

（3）增加了调节器的输入限幅电路（由VD1和VD2组成）以及由R01、R02、C0构成的输入滤波电路。

（4）在调节器的输出限幅电路中，通过调节 RP2 调节输出正限幅值，调节 RP3 调节输出负限幅值。

（5）通过 V1、V2 构成调节器的输出功率放大电路。集成运算放大器的最大输出功率是有限的，例如 5G305 最大输出电流为 5 mA，FC54 为 10 mA，因此，一般不能直接驱动负载，而必须外加功率放大电路。

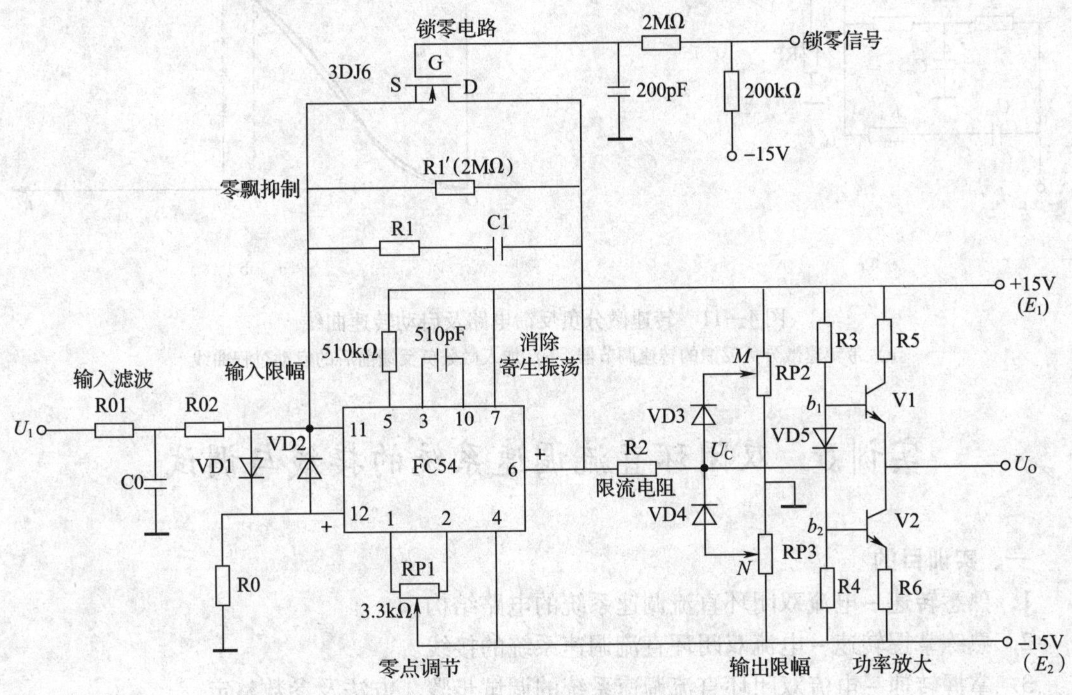

图 4—10　调节器的实用电路图

3. 转速微分负反馈

在双闭环直流调速系统中增加转速微分负反馈的作用是：抑制转速超调，提高动态性能。

带转速微分负反馈的转速调节器如图 4—11a 所示，与普通转速反馈环节相比，输入端并联了电阻 R_{dn} 和电容 C_{dn}，增加了微分环节。微分作用反映系统偏差信号的变化率，具有预见性，能预见偏差变化的趋势，因此能产生超前的控制作用，在偏差还没有形成之前，已被微分调节作用消除。因此，可以改善系统的动态性能。在微分时间选择合适情况下，可以减少超调，减少调节时间。如图 4—11b 所示，对加入微分负反馈前后的启动过程进行比较：曲线 1 为普通双闭环直流调速系统，具有超调；曲线 2 为增加了转速微分负反馈的双闭环直流调速系统，系统提前到 T 点退饱和，所以转速不出现超调，改善了动态性能。

微分作用对噪声干扰有放大作用，因此过强的加微分调节，对系统抗干扰不利。此外，微分反映的是变化率，而当输入没有变化时，微分作用输出为零。微分作用不能单独使用，需要与另外两种调节规律相结合，组成 PD 或 PID 调节器。

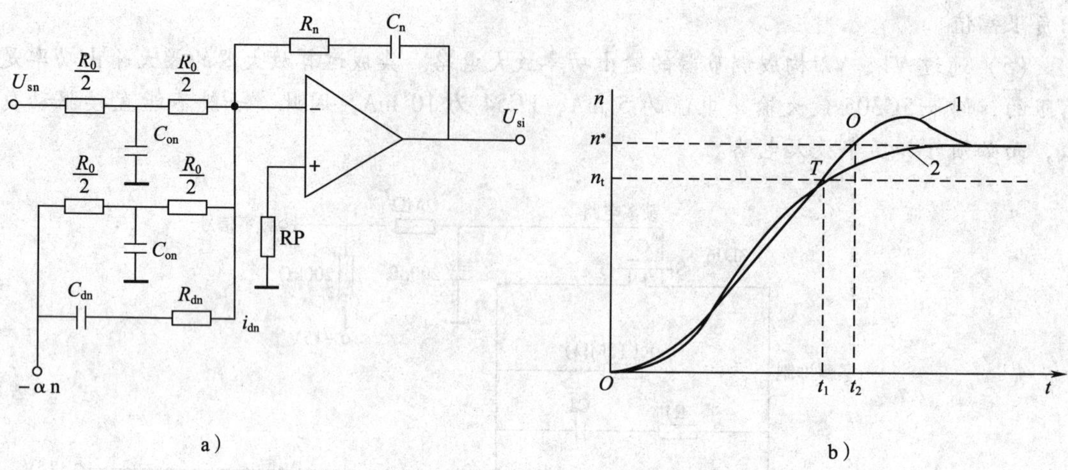

图 4—11　转速微分负反馈电路及启动转速曲线

a）带转速微分负反馈的转速调节器　b）加入微分负反馈前后的启动过程曲线

实训 6　双闭环直流调速系统的接线与调试

一、实训目的

1. 熟悉转速－电流双闭环直流调速系统的电路结构。
2. 熟练掌握转速－电流双闭环直流调速系统的接线。
3. 掌握转速－电流双闭环直流调速系统的调试步骤、方法及参数整定。

二、实训内容

1. 转速－电流双闭环直流调速系统的主电路接线和控制电路接线。
2. 转速－电流双闭环直流调速系统各部件的调试和系统的通电调试。
3. 求取双闭环直流调速系统的机械特性。
4. 观察系统抑制扰动的调节作用并了解其动态特性。

三、实训器材

表 4—1　　实训设备、工具及仪表清单

序号	材料	型号	数量	备注
1	电力电子及电气传动实验台	求是公司的 MCL－II 型	1 台	或型号自定
2	三相可调交流电源	输出 0～380 V、50 Hz 三相对称交流电	1 个	
3	三相整流及触发装置、可调电抗器	MCL－33	1 套	
4	给定电位器、转速调节器、速度变换器、电流调节器、电流检测电路	MCL－18	1 组	

续表

序号	材料	型号	数量	备注
5	可调电容器	MEL-11	2个	
6	直流电动机	$P_N=185$ W、$U_N=220$ V、 $I_N=1.1$ A、$n=1\ 500$ r/min	1台	
7	测速发电机及测功机、转速表	MEL-13组件	1组	
8	三相可变电阻器	MEL-03	1组	
9	双踪示波器	GOS-620	1台	或型号自定
10	万用表	数字式或指针式	1只	或型号自定
11	电流表、电压表	MEL-06	各1只	
12	一字旋具		1把	

四、实训步骤

1. 转速-电流双闭环直流调速系统的接线

转速-电流双闭环直流调速系统的实验原理图如图4—12所示。转速-电流双闭环直流调速系统的接线分为主电路接线和控制电路接线。接线时遵循先接主电路，再接控制电路的原则。

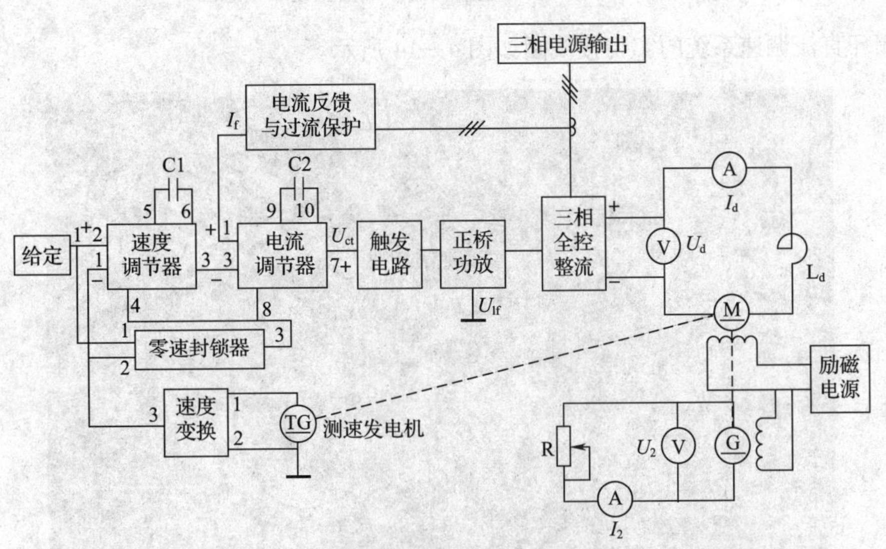

图4—12　双闭环直流调速系统实验原理图

主电路接线与单闭环直流调速系统的主电路接线基本相同。控制电路接线在单闭环直流调速系统的基础上增加了电流环（内环），具体按照图4—13所示进行接线。速度调节器ASR的输出端“3”接到电流调节器ACR的输入端“3”，与接到电流调节器ACR“1”端的电流反馈检测信号进行比较调节，通过电流调节器ACR的输出端“7”给触发电路提供移相控制电压U_{ct}。电流调节器的“9”“10”端外接可调电容器，同时零速封锁器输出端“3”接电流调节器“8”端。

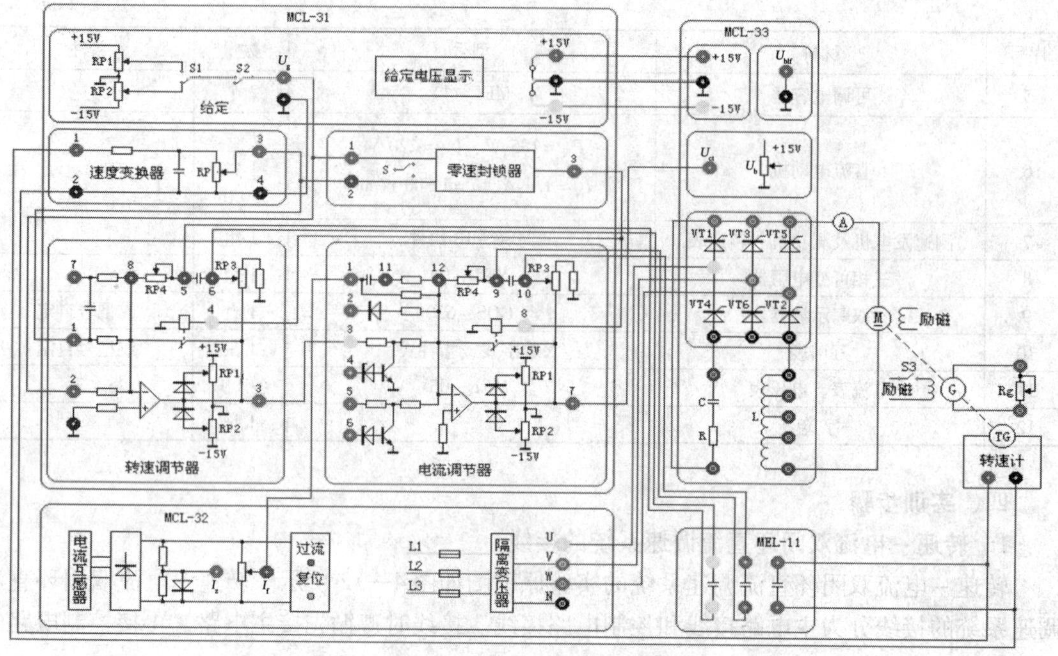

图 4—13　双闭环直流调速系统实验接线示意图

双闭环直流调速系统的实物接线图如图 4—14 所示。

图 4—14　双闭环直流调速系统实物接线图

操作提示

1）三相主电源连线时应注意，不可接错相序。

2）从测速发电机的转速输出端引入到速度变换器的输入端时，注意双闭环调速系统的转速反馈信号应为负电压。接线时与单闭环直流调速系统不同，两根引线的位置要对调。

3）改变接线时，必须先按下主控制屏总电源开关的“断开”红色按钮，同时使系统的给定为零。

2. 通电调试

进行双闭环直流调速系统通电调试时，应遵循以下原则：

①先部件，后系统。即先将各单元的特性调试好，再组成系统进行调试。

②先开环，后闭环。即使系统先能进行正常开环运行，然后再确定电流和转速均为负反馈时组成闭环系统运行。

③先内环，后外环。即先调试电流内环，然后再调试转速外环。

④先调整稳态精度，后调整动态指标。

（1）触发电路的检查

接通控制电路电源，在未加主电源之前，先检查晶闸管的脉冲是否正常。

1）用示波器观察双窄脉冲观察孔，应有间隔均匀、幅度相同的双窄脉冲。

2）检查相序，用示波器观察“1”“2”脉冲观察孔，“1”脉冲超前“2”脉冲60°，则相序正确，否则，应调整主电路输入三相电源的接线。一般任意互换三相电源的两根线即可。

3）将控制一组桥触发脉冲通断的六个直键开关弹出，用示波器观察每只晶闸管的控制极和阴极，应有幅度为1～2 V的脉冲。

①电源开关闭合瞬间，过流或过压保护发光二极管可能会亮并出现过压过流报警，此时只需按下对应的复位开关即可恢复正常工作。

②双踪示波器的两个探头地线通过示波器外壳接地，故在使用时，必须使两探头的地线同电位（只用一根地线即可），以免造成短路事故。

（2）开环调速系统的调试

1）移相控制电压 U_{ct} 调节范围的确定

直接将给定电压 U_g 接入到触发电路移相控制电压 U_{ct} 的输入端，三相全控整流装置输出接电阻负载 R_L，负载电阻调到最大值，给定电压 U_g 调到零，同时将三相电源电压调至最小。

先接通控制电路电源，再按下主电路启动按钮，将三相电源线电压调到 200 V，给定电压 U_g 由零增大，U_d 将随给定电压的增大而增大。当 U_g 超过某一数值 U'_g 时，U_d的波形会出现缺相的现象，这时 U_d 反而随 U_g 的增大而减小。一般可确定移相控制电压的最大允许值 $U_{ctmax}=0.9U'_g$，即 U_g 的允许调节范围为 0 ~ U_{ctmax}。如果把输出限幅值定为 U_{ctmax}，则三相全控整流装置的输出范围就被限定，不会工作到极限值状态，保证了六个晶闸管可靠工作。记录 U'_g 于表 4—2 中：

表 4—2　　记录 U'_g 和 U_{ctmax}

U'_g	
$U_{ctmax}=0.9U'_g$	

将给定调到零，先按主电路停止按钮，再给控制电路断电。

2）开环系统的特性测定

①控制电压 U_{ct}由给定电位器的输出电压 U_g直接接入，三相全控整流电路接电动机，串联电抗器 L_d为 700 mH，测功机加载旋钮逆时针旋到底（或直流发电机接负载电阻 R，负载电阻调到最大值），将给定电压 U_g调到零。

②先接通励磁电源，再合上主电路电源，调节调压器旋钮，使三相电源线电压 U_{UV}、U_{VW}、U_{WU}为 200 V，然后从零开始逐渐增加给定电压 U_g，使电动机启动升速，电动机的空载转速 $n=1\ 500$ r/min，然后调节测功机加载旋钮使电动机所带负载增加，观察电动机的转速变化情况，在表 4—3 中记录 7 ~ 8 组电压表 U_d、电流表 I_d、转速表 n 的数值，并根据数值在图 4—15 中画出系统的开环机械特性曲线。

表 4—3　　电压 U_d、电流 I_d、转速 n 的数值变化表

	1 组	2 组	3 组	4 组	5 组	6 组	7 组	变化趋势
电流 I_d								
转速 n								
电压 U_d								

③将给定调到零，按下主电路停止按钮，断开控制电路电源。

操作提示

● 系统开环连接时，不允许突加给定信号 U_g 启动电动机，通电前需将给定电位器调零。

● 测取机械特性时，须注意主电路电流不能超过电动机的额定电流值（1 A）。

● 直流电动机在工作前，必须先给直流电动机加上直流励磁电压，否则直流电动机就会出现“飞车”现象。

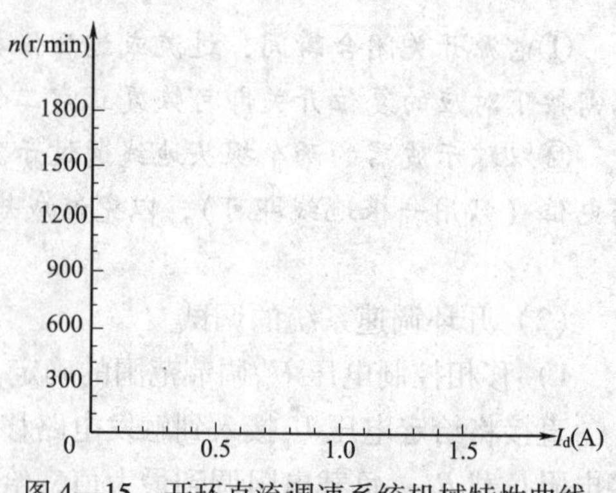

图 4—15　开环直流调速系统机械特性曲线

- 启动电动机时，需把测功机的加载旋钮逆时针旋到底，以免带过大负载启动。

(3) 闭环系统各部件调试

1) 调节器的调零

①速度调节器调零。将速度调节器 ASR 所有输入端接地，用导线将“5”“6”端短接，使速度调节器成为 P（比例）调节器。调节面板上的调零电位器，用万用表的毫伏挡测量速度调节器的输出端，使调节器的输出电压尽可能接近于零。

②电流调节器调零。将电流调节器 ACR 所有输入端接地，用导线将“9”“10”端短接，使电流调节器成为 P（比例）调节器。调节面板上的调零电位器，用万用表的毫伏挡测量电流调节器的输出端，使调节器的输出电压尽可能接近于零。

2) 调整调节器正、负限幅值

①速度调节器输出限幅值的调整。把速度调节器的“5”“6”短接线去掉，将可调电容 7 μF 接入“5”“6”两端之间，使调节器成为 PI（比例积分）调节器，然后将给定电压接到转速调节器的“2”输入端。当加一定的正给定时，调整负限幅电位器 RP3，使之输出电压为 -6 V；当调节器输入端加负给定时，调整正限幅电位器 RP2，使之输出电压为最小值即可。

②电流调节器输出限幅值的调整。把电流调节器的“9”“10”短接线去掉，将可调电容 7 μF 接入“9”“10”两端之间，使调节器成为 PI（比例积分）调节器，然后将给定电压接到电流调节器的“3”输入端。当加正给定时，调整负限幅电位器 RP3，使之输出电压为最小值即可；当调节器输入端加负给定时，调整正限幅电位器 RP2，使电流调节器的输出正限幅为 U_{ctmax}。

(4) 闭环调速系统调试

1) 电流环调试（电流反馈系数的整定）

①直接将给定电压 U_g 接入触发电路移相控制电压 U_{ct} 的输入端，整流桥输出接电阻负载 R_L，负载电阻调到最大值，给定电压调到零。

②按下启动按钮，从零增加给定，使输出电压升高。当 $U_d = 220$ V 时，减小负载的阻值，直到负载电流 $I_d = 1.1I_N$。再调节“电流反馈与过流保护”上的电流反馈电位器 RP1，使得 I_f 端的电流反馈电压 U_{fi} 近似等于速度调节器 ASR 的输出限幅值（ASR 的输出限幅值可调为 +6 V）。

③将给定输出电压 U_g 接至 ACR 的输入端“3”，ACR 的输出端“7”接至触发电路的移相控制电压 U_{ct} 端，ACR 的“9”“10”端外接 7 μF 电容，同时，反馈电位器 RP3 逆时针旋到底，使 ACR 的放大倍数最小，将系统接成由 ACR（PI 调节器）构成的电流负反馈单闭环系统。

④按下启动按钮，逐渐增加给定电压 U_g，使之等于速度调节器 ASR 的输出限幅值（+6 V），观察主电路电流是否小于或等于 $1.1I_N$。如电流 I_d 过大，则应继续调整电流反馈电位器 RP1，使 U_{fi} 增加，直至 $I_d < 1.1I_N$；如果电流 $I_d < 1.1I_N$，则可将 R_L 减小，此时电流应增加幅度很小，小于过电流保护整定值，说明系统已具有了限流保护功能。测定此时的电流反馈系数 $\beta = U_{fi}/I_d =$ ________ V/A。

2）速度环调试

①转速反馈系数的整定。直接将给定电压 U_g接触发电路移相控制电压 U_{ct}的输入端，三相整流电路接直流电动机负载，并串联 700 mH 电抗器 L_d，将给定电压调到零。

先接通励磁电源，再按下启动按钮，从零逐渐增加给定，使电机提速到 $n=1\ 500$ r/min 时，调节速度变换器上转速反馈电位器 RP，使得在该转速时反馈电压 $U_{fn}=-6$ V，这时的转速反馈系数 $\alpha=U_{fn}/n=0.004$ V/（r/min）。

②转速反馈极性判断。系统中如接入 ASR 构成转速负反馈单闭环直流调速系统，给定电压 U_g为负电压，转速反馈电压 U_{fn}应为正电压；如系统为双闭环直流调速系统，给定电压 U_g为正电压，转速反馈电压 U_{fn}应为负电压。如若系统通电后，稍加给定，电动机转速即上升为最高速且调节给定电压 U_g不可控，说明速度反馈极性有误。

（5）双闭环调速系统工作机械特性的测试

1）按照图 4—13 所示接线，将 ASR、ACR 都接成 PI 调节器后接入系统，构成双闭环直流调速系统。打开控制电路开关，接通励磁电源，按下启动按钮，增加给定，观察系统能否正常运行。

2）求取双闭环直流调速系统的工作机械特性

①调节给定电压 U_g的大小，观察对应的电压表 U_d、电流表 I_d、转速表 n 的变化。

②调节给定电压 U_g，使电动机的空载转速 $n=1\ 500$ r/min，然后调节测功机加载旋钮（或直流发电机负载电阻）使电动机所带负载增加，观察电动机的转速变化情况，读取 7 ~ 8 组电流表 I_d、转速表 n、电压表 U_d的数值，记录在表 4—4 中，并根据相应数值在图 4—16 中画出双闭环系统的闭环机械特性曲线。

表 4—4　　**电压 U_d、电流 I_d、转速 n 的数值变化表**

	1 组	2 组	3 组	4 组	5 组	6 组	7 组	变化趋势
电流 I_d								
转速 n								
电压 U_d								

③保持给定电压 U_g 和负载都不变，改变三相可调电源变压器，调节三相交流电源的输入电压，观察电流表 I_d、转速表 n、电压表 U_d 的变化。

（6）双闭环调速系统的动态波形的观察

用慢扫描示波器观察动态波形，在不同的系统参数下（速度调节器的放大倍数和积分电容、电流调节器的放大倍数和积分电容、速度变换器的滤波电容），用示波器观察、记录下列动态波形：

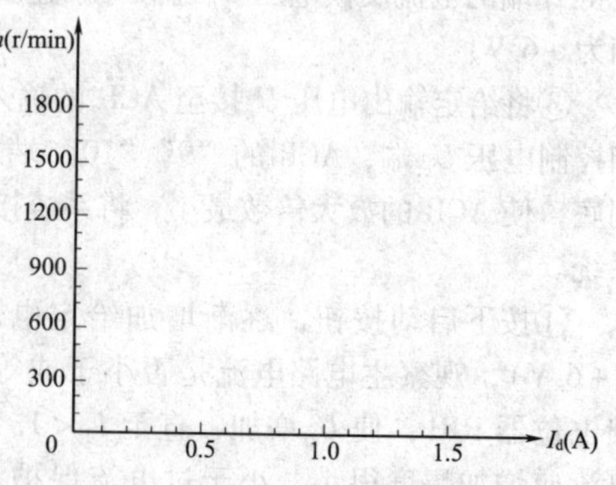

图 4—16　双闭环直流调速系统机械特性曲线

1）突加给定 U_g，电动机启动时的电枢电流 I_d 波形和转速 n 波形。

2）突加额定负载（20% $I_N \Rightarrow$100% I_N）时电动机电枢电流 I_d波形和转速 n 波形。

3）突降负载（100% $I_N \Rightarrow$20% I_N）时电动机的电枢电流 I_d波形和转速 n 波形。

● 对电动机电枢电流 I_d波形的观察可通过电流调节器 ACR 的输入端“1”（或电流反馈与过流保护的反馈电流输出端）来实现。

● 对电动机转速 n 的观察可通过速度调节器 ASR 的输入端“1”（或速度变换器的输出端“3”）来实现。

3. 与开环、单闭环直流调速系统的机械特性进行比较，得出结论

通过观察图 4—16 所示双闭环调速系统工作机械特性曲线和双闭环调速系统的动态波形可以发现，双闭环直流调速系统负载发生变化、电网电压发生波动时，转速波动很________（小、大），可以实现________（无静差、有静差）调速。同时，当突加给定或负载突然变化时，动态速降________（小、大），动态性能________（好、不好）。

五、评分标准

表 4—5 考核评分标准

项目	分值	标准	得分
1. 接线	40	1）能够找出实验所需挂箱和相关设备，并在实验台面板和桌面上排列整齐（10 分） 2）能够按图连线，设备及相关装置接线正确，连线准确、牢固（30 分）	
2. 实验调试过程	50	1）主电路通电前的触发脉冲的检查（5 分） 2）双闭环调速系统的调试原则（5 分） 3）开环系统的调试（5 分） 4）闭环系统各部件的调试（10 分） 5）闭环系统调试（10 分） 6）双闭环直流调速系统工作机械特性的测试结果（10 分） 7）双闭环系统的动态特性的观察结论（5 分）	
3. 安全文明生产	10	1）劳动保护用品穿戴整齐（5 分） 2）保持环境整洁，秩序井然，遵守操作规程（5 分） 3）安全用电，无人为损坏元器件和设备（如出现根据情况扣 10 ~40 分）	
指导教师评价		合计	

实训7 直流调速柜双闭环系统的调试与故障排除

一、实训目的

1. 熟悉直流调速柜双闭环系统的各组成部分及其结构位置。
2. 掌握转速－电流双闭环直流调速系统的安装接线与调试。
3. 能够对转速－电流双闭环直流调速系统进行简单的故障排除。

二、实训器材

表4—6　　实训设备、工具及仪表清单

序号	材料	型号或规格	数量	备注
1	直流调速柜	DSC－32型或DSC－5型	1台	
2	万用表	数字式或指针式	1只	或型号自定
3	双踪示波器	GOS－620	1台	或型号自定
4	试电笔		1支	
5	一字旋具		1把	

三、实训步骤

1. 认识双闭环直流调速柜各组成部分及结构位置

直流调速柜双闭环直流调速系统框图如图4—17所示，将开关打到“闭环”上，通过转速检测反馈装置与放大器构成转速环，通过电流检测反馈装置与放大器构成电流环。

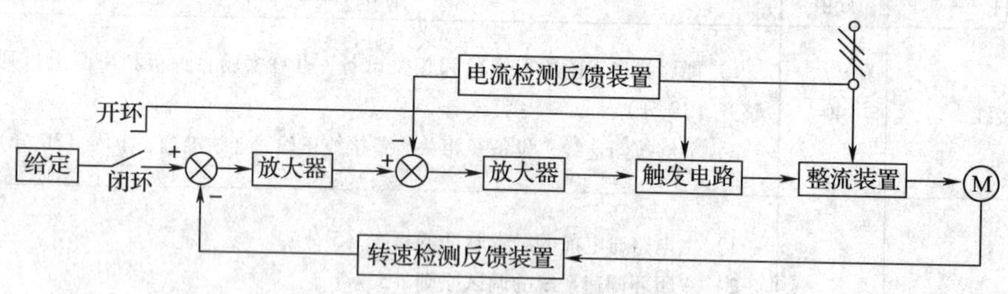

图4—17　双闭环系统框图

图4—17所示双闭环系统各环节电路可参照相关电路图，以下简单介绍双闭环直流调速系统的工作原理。

首先将调节板中跳线置于B端，构成双闭环系统。由给定电路给出信号，前级信号U_a经电阻R13和电位器RP6分压后，作为积分器的输入信号，给定积分器的输出信号U_a加到运放的⑤脚作为输入，将信号给触发电路，触发电路主要为三相可控整流电路提供双窄的脉冲。在触发电路中，由KC04与电阻和电容组成振荡电路。将由同步变压器提供的同步电压U_{ta}，U_{tb}，U_{tc}分别接入三片KC04的⑧脚，通过RP1，RP2，RP3可调节锯齿波斜率，最终由运放①脚得到触发信号，再经VT1，VT3，VT5的功率放大加到晶闸管的门极及阴极作为触发脉冲使用。VD1～VD12 组成六个或门，其中 VD12 与 VD9，VD7 与 VD10，VD3 与 VD6，VD1 与 VD4，VD11 与 VD2，VD5 与 VD8 各组成一个或门，触发电路将信号输入整流装置，经过整流装置获得电流负反馈信号，通过转速检测反馈装置，将转速反馈信号反馈给比较器。在主电路的交流侧通过交流互感器将信号（41 线、42 线、43 线）取出，达到电动机预期运行目标。

双闭环直流调速系统与电压负反馈单闭环直流调速系统相比，从结构上看其控制电路中的调节板 TJB 不同。双闭环直流调速系统的调节板的主要作用是通过速度调节器和电流调节器实现无静差调速，并改善系统的动态性能。调节板实物图如图 4—18 所示，调节板内部各组成部分的连接示意图如图 4—19 所示。

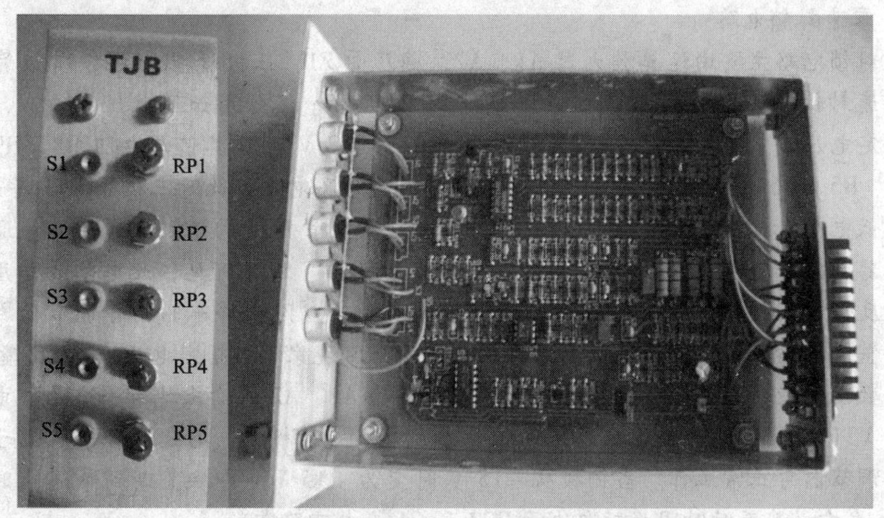

图 4—18　调节板 TJB 实物图

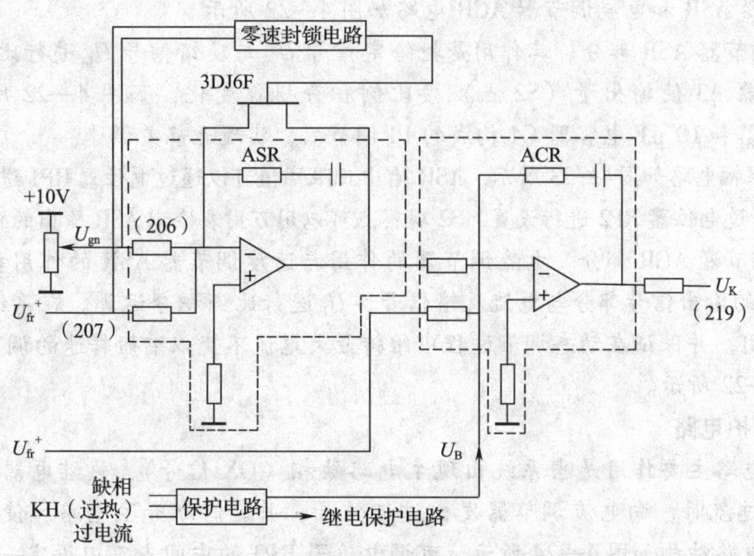

图 4—19　转速－电流双闭环系统调节板内部的连接示意图

双闭环调节板的结构及工作原理

直流调速柜控制电路中的双闭环调节板的内部原理图如图 4—20 所示。下面简单介绍直流调速柜中双闭环调节板的工作原理。

调节板主要由零速封锁及 PI 调节电路和多种故障保护电路两大部分组成。

1. 零速封锁及 PI 调节电路

(1) 零速封锁电路

零速封锁电路主要由运算放大器 A1、A2，稳压管 Z1，三极管 T1、T2，二极管 D11 及结形场零速封锁电路效应管 T3 等组成，如图 4—21 所示。其作用如下：

当给定电压 U_{gn} 与反馈电压 U_{fn} 的绝对值都小于 0.7 V 时（其值与电阻 R8、R9、R10、R11、R4、R5、R6 等有关），运放 A1、A2 的输出均为高电平，此时三极管 VT1 导通，VT2 的基极为低电平，三极管 VT2 导通，+15 V 加到场效应管 VT3 的栅极上（使其导通）封锁转速调节器，使转速调节器输出电压（即 S2 点）为 0 V。由此可见，此电路的作用是当输入与转速反馈电压接近零时，封锁住转速调节器 ASR，以避免停车时由各调节器零漂引起的晶闸管整流电路有输出电压造成电动机爬行等不正常现象。当给定电压 U_{gn} 和反馈电压 U_{fn} 中有一个数值的绝对值大于 0.2 V 时，则运算放大器 A1、A2 的输出就有一个为低电平，此时三极管 VT1 与 VT2 均为截止状态，-15 V 加到场效应管栅极，场效应管 VT3 处于关断状态，速度调节器可正常工作。当栅极从 -15 V 时变为 +15 V（即从关断到导通）时，会延时 100 ms 左右，其延时时间长短取决于 R23 和 C1 充电回路常数。

(2) 调节器电路

速度调节器 ASR 和电流调节器 ACR 电路如图 4—22 所示。

1) 速度调节器 ASR 部分。其作用是把给定信号 U_{gn} 与反馈信号 U_{fn} 进行比例积分运算，通过运算放大器 A3 使输出量（S2 点）按比例积分规律变化，如图 4—22 所示，采用由 10 kΩ 电阻 RP_{SRF} 和 10 μF 电容器 C4 构成的 PI 调节器，实现无静差调速。

ASR 输出限幅电路如图 4—23 所示，ASR 输出正限幅值可以通过电位器 RP1 进行调节，输出负限幅值可以通过电位器 RP2 进行设置，S2 观察点可以用万用表检测 ASR 输出的正负限幅值。

2) 电流调节器 ACR 部分。电流调节器的作用与速度调节器 ASR 的作用类似，它把转速调节器 ASR 的输出信号部分与电流反馈信号 $+U_{fi}$ 进行比例积分运算。在系统中起到维持电流恒定的作用，并保证在动态调节过程中维持最大电流不变以缩短转速的调节过程。其电路结构如图 4—22 所示。

2. 故障保护电路

故障保护电路主要作用是当系统出现主电路缺相（QX 信号）、热继电器保护（FR 信号）及主电路过流时，向电流调节器发出过流信号，并延时断开主电路，使主电路断电，故障灯亮。其电路结构如图 4—24 所示，可调电位器 RP3 的中间点可以设定一个基准电位，正常时此正基准电压与其他信号比较后仍为正电压输入到电压比较器 LM311 中，电压比较

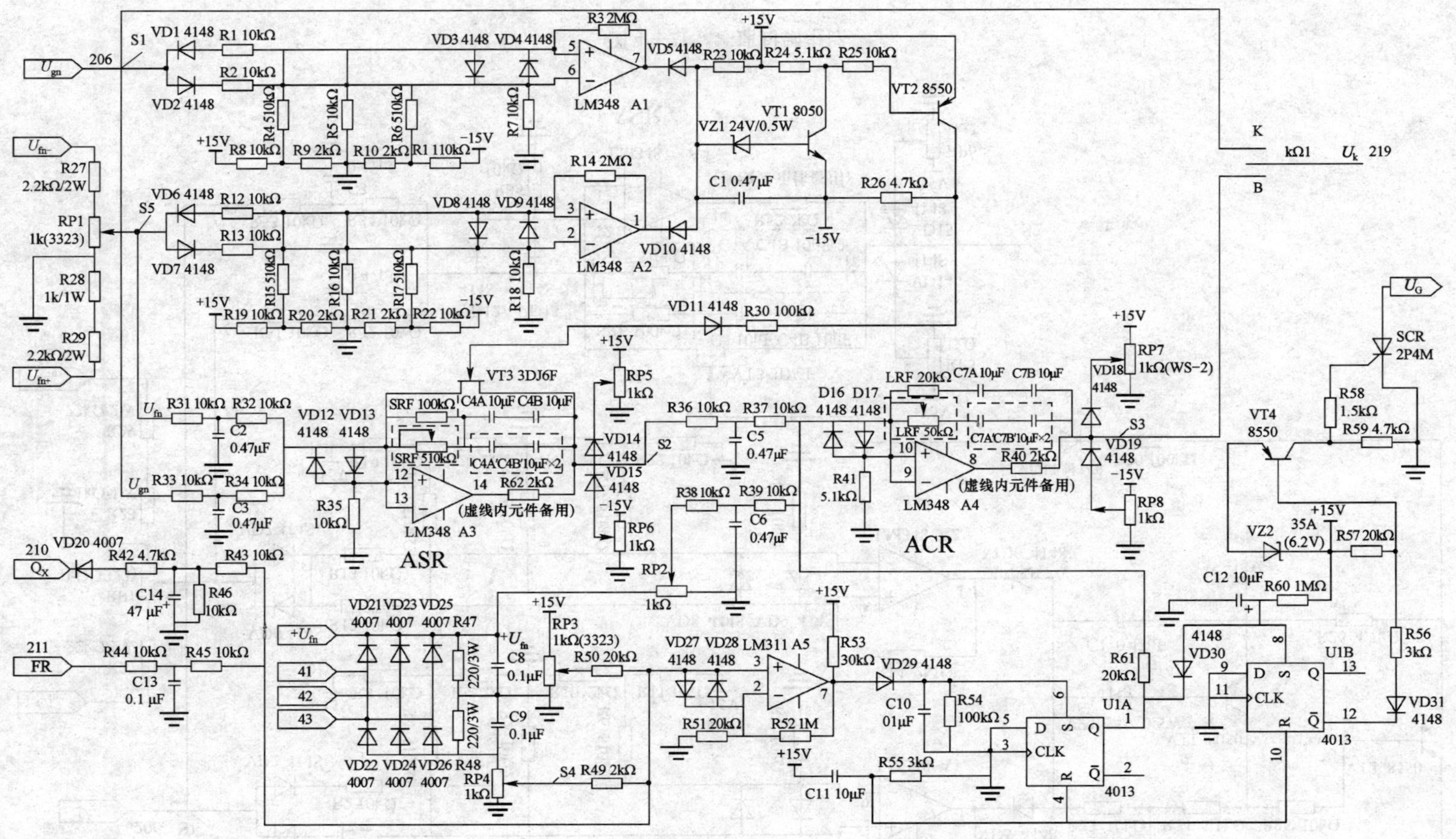

图4—20　调节板TJB电路原理图

U_{gn}
206
S1
VD1 414S
R1 10kΩ
VD2 414S
R2 10kΩ
VD3 4148 VD4 4148
R3 2MΩ
5
6
7
LM348 A1
VD5 4148
R23 10kΩ
+15V
R24 5.1kΩ
R25 10kΩ
VT2 8550
VT1 8050
VZ1 24V 0.5W
R4 510kΩ
R5 10kΩ
R6 510kΩ
R7 10kΩ
+15V
R8 10kΩ
R9 2kΩ
R10 2kΩ
R11 10kΩ
-15V
U_{fn-}
R27
22kΩ/2W
RP1
1kΩ(3323)
R23
1kΩ/1W
R29
22kΩ/2W
U_{fn+}
S5
VD6 414S
R12 10kΩ
VD7 414S
R13 10kΩ
VD8 414S VD9 414S
R14 2MΩ
3
2
1
LM348 A2
VD10 4148
C1 0.47μF
R26 4.7kΩ
-15V
R15 510kΩ
R16 10kΩ
R17 510kΩ
R18 10kΩ
+15V
R19 10kΩ
R20 2kΩ
R21 2kΩ
R22 10kΩ
-15V
VD11 4148
R30 100kΩ
VT3 3D/5F
+15V
RP5
1kΩ
U_{fn}
R31 10kΩ
R32 10kΩ
C2
0.47μF
VD12
414S
VD13
414S
SRF 100kΩ
C4 10μF C4B 10μF
SRF 510kΩ
C4A C4B 10μF×2
12
13
14
R52 2kΩ
VD14
414S
VD15
4148
S2
-15V
RP6
1kΩ
U_{gn}
R33 10kΩ
R34 10kΩ
C3
0.47μF
R35
10kΩ
LM348
A3
(虚线内元件备用)
ASR

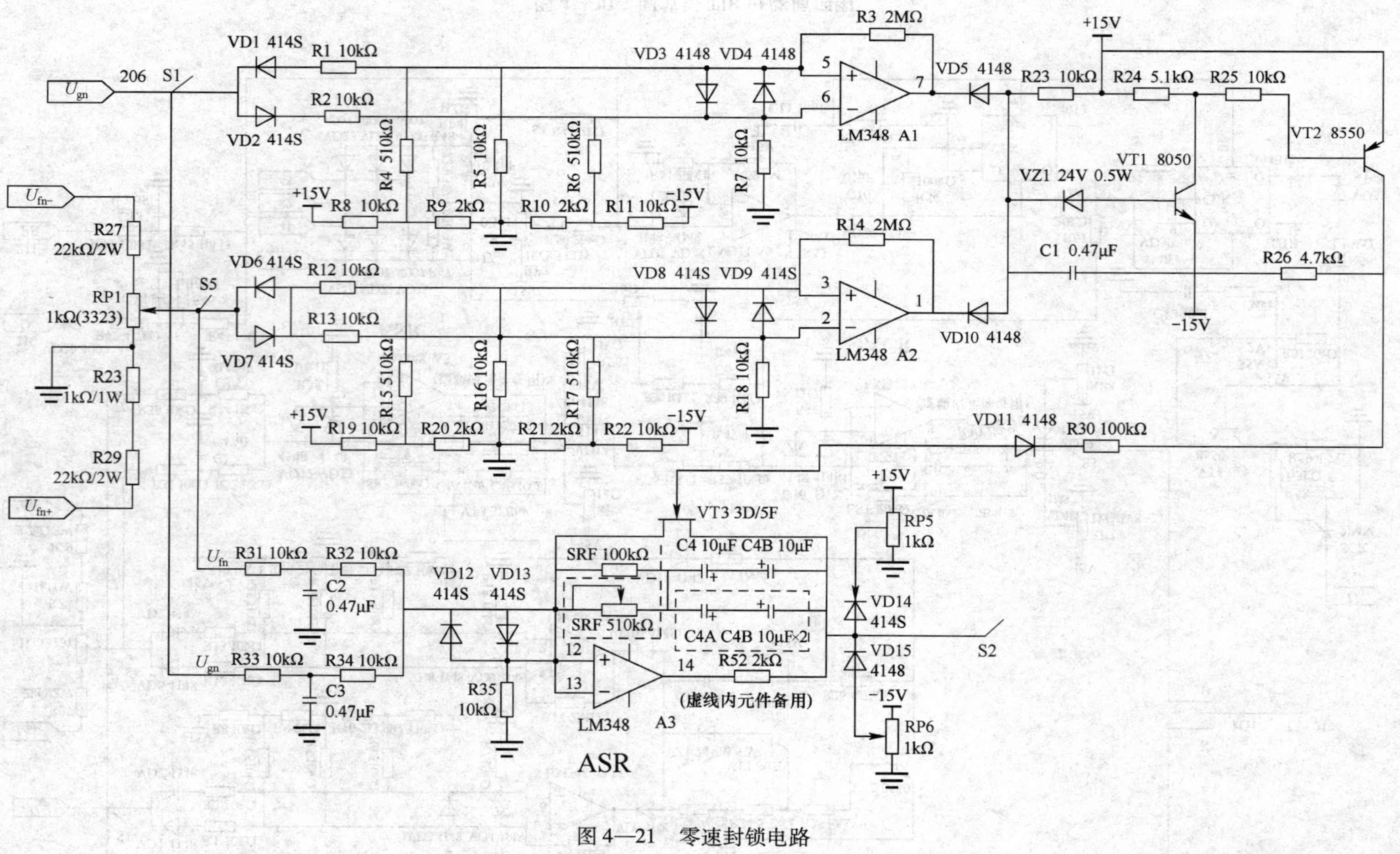

图 4—21 零速封锁电路

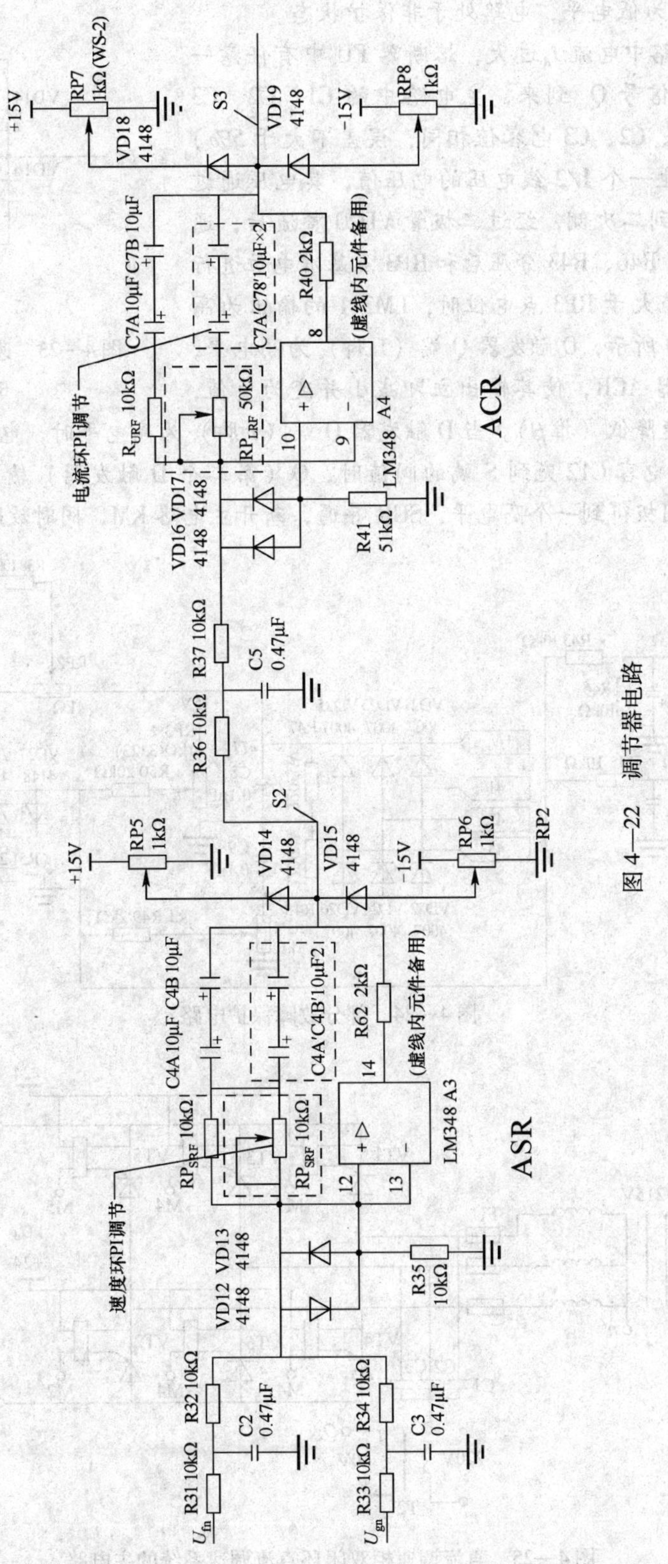

图 4—22　调节器电路

器 LM311 的输出为低电平，电路处于非保护状态。

(1) 当主电路中电流 I_d 过大，熔断器 FU 中有任意一个损坏时，缺相信号 Q_x 到来，主电路中的 C1、C2、C3（见图 4—25，C1、C2、C3 电容值相同，误差不大于 5%）的中性点 n' 将产生一个 1/2 线电压的电压值，其电压通过变压器 B2，感应到二次侧，经过二极管 VD20 整流后，通过电容 CJ1 延时，R46、R43 分压后和 RP3 点基准电位进行比较，当其绝对值大于 RP3 点电位时，LM311 的输出为高电平，如图 4—20 所示，D 触发器 Q 端（1 脚）为高电平，输入到电流调节器 ACR，使其输出立即减小并变为负值，整流输出电压迅速降低（推 β）。当 D 触发器 Q 端（1 脚）为高电平时，电容 C12 被电阻 R60 充电（延时），当电容 C12 充到 S 端的阈值时，Q（第二个 D 触发器）输出低电平，三极管 VT4 导通，SCR 门极得到一个高电平，SCR 导通，断开主电路 KM，同时故障报警灯亮。

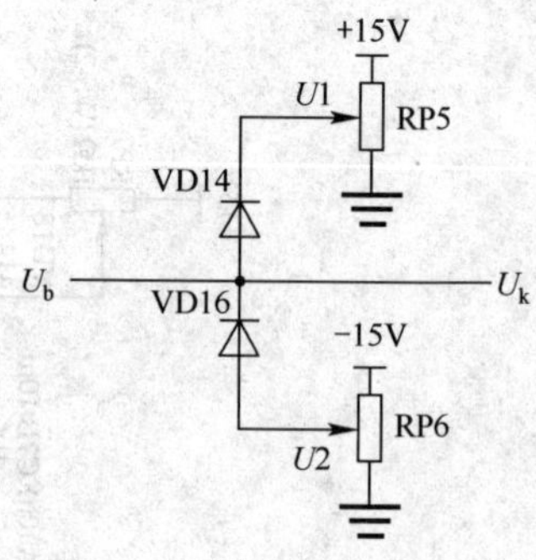

图 4—23　速度调节器 ASR 的限幅电路

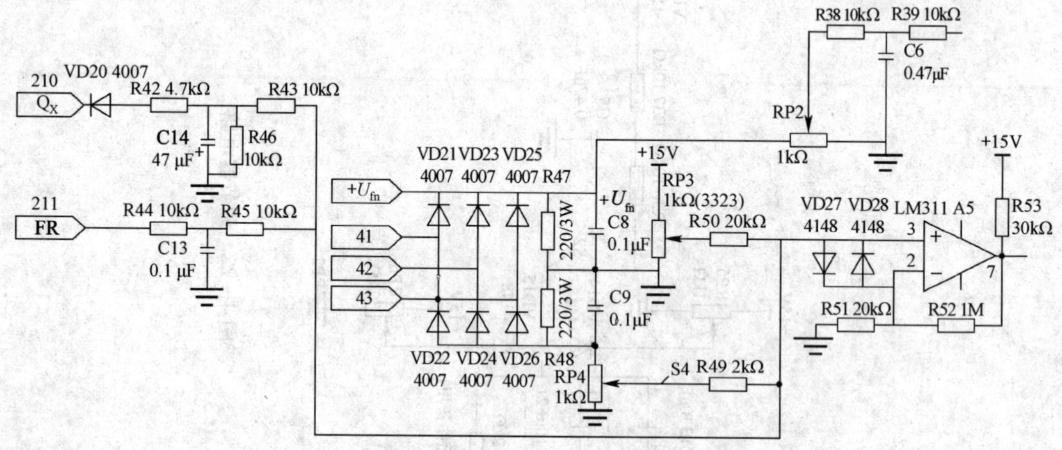

图 4—24　部分故障保护电路

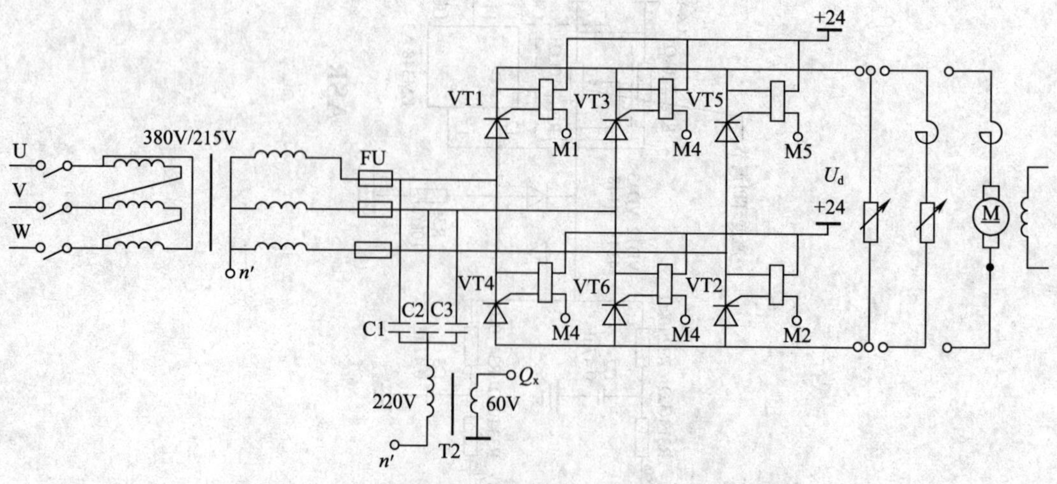

图 4—25　直流调速柜双闭环直流调速系统的主电路

（2）当主电路过热时，FR过热信号输入为－15 V，如图4—26所示，该信号与RP3点基准电位进行比较，LM311的输出为高电平，保护电路动作。

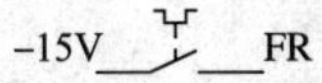

−15V　FR

图4—26　FR过热电路

（3）当通过电流互感器检测到主电路过电流时，保护电路动作，电流截止负反馈起作用，其临界截止电流大小的整定由可调电位器RP4控制。

2．直流调速柜的安装接线

直流调速柜的接线分为主电路接线和控制电路接线两部分。

（1）主电路接线

双闭环直流调速系统的主电路接线方法与开环系统主电路的接线方法相同，参见实训2。

（2）控制电路接线

1）将电源板、触发板、调节板安装在对应位置，如图4—27所示为直流调速柜双闭环调速系统控制盒前视图，图4—28所示为控制盒后视图及接线端子。

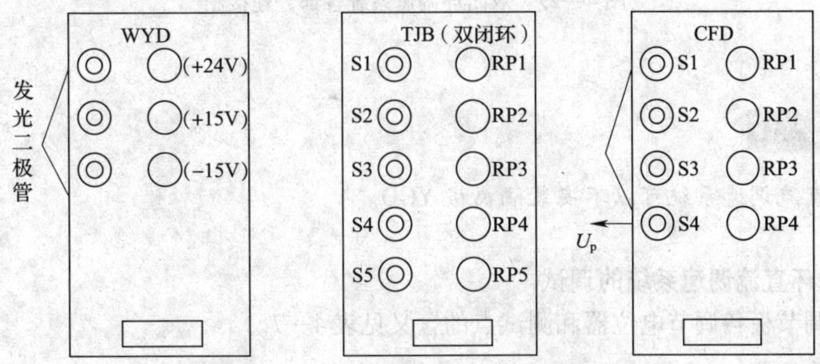

图4—27　直流调速柜双闭环控制盒前视图

2）将测速发电机的检测反馈信号引入到调节板中，如图4—28所示，接线时要注意极性。双闭环调速系统各部分的连接图如图4—29所示。

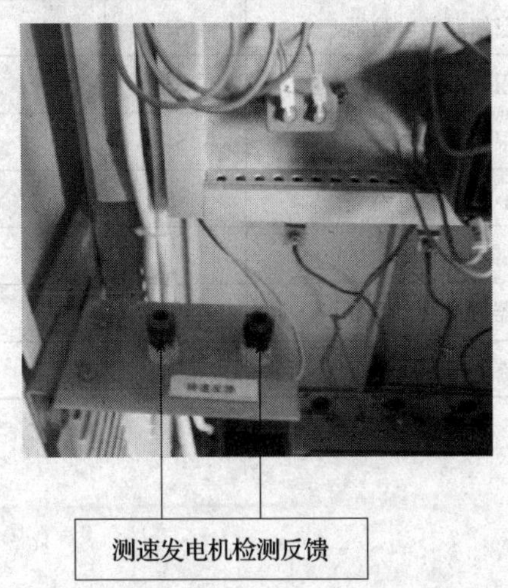

图4—28　测速发电机检测反馈信号的接线示意图

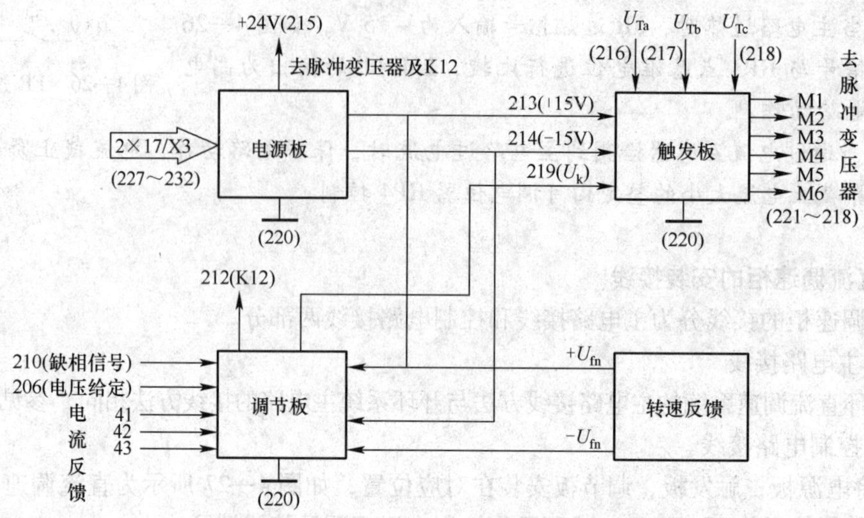

图 4—29 双闭环调速系统各部分连接图

双闭环直流调速系统可以不安装隔离板 YGD。

3. 双闭环直流调速系统的调试

双闭环调节板各调节电位器和测试点的含义见表 4—7。

表 4—7　　双闭环调节板电位器和测试点含义

电位器	功能	测试点	功能
RP1	ASR 输出正限幅调整电位器	S1	电压给定值测试点
RP2	ASR 输出负限幅调整电位器	S2	ASR 输出值测试点
RP3	ACR 输出正限幅调整电位器	S3	ACR 输出值测试点
RP4	ACR 输出负限幅调整电位器	S4	过流值测试点
RP5	过流值大小调整电位器	S5	转速反馈测试点
RP6	保护值调整电位器（在线路板上）		
RP7	电流反馈电位器（在线路板上）		
RP8	转速反馈电位器（在线路板上）		

控制板通电前，应根据系统电路图检查主电路各部件及控制电路各部件间的连线是否正

确，线头标号是否符合图纸要求，检查所安装焊接的器件是否与图纸一致。焊接点有无短路及虚焊现象，导线连接是否正确。

（1）继电控制电路的通电调试

取下各插接板，然后通电，检查继电器的工作状态和控制顺序等，用万用表查验电源是否通过变压器和控制触头送到了整流电路的输入端。

（2）各控制板的调试

1）控制电源测试。插上电源板，用万用表校验送至其所供各处电源电压是否正确，电压值是否符合要求。

2）触发脉冲检测。插入触发板，调节斜率值，使其为 6 V 左右。调节初始相位角，在感性负载时，初始相位角在 $\alpha=90°$位置。调节 U_p，使得 U_d在给定最大时能达到 300 V；给定为 0 时，$U_d=0$ V。

3）调节板的测试，即 ASR、ACR 输出限副值翻转电压的调试

①ASR 正限幅，其值应为 ASR+（RP1）$=\beta I_d$，其中 β 是电流反馈系数，采用 RP7 整定；I_d为主电路电流。

②ASR 负限幅，其值应为|ASR-（RP2）|=ASR+（RP1）。

ASR 输出限幅值的数值视调节器的结构而定，在运算放大器工作电压为 ±15 V 的情况下，ASR 的输出限幅值取 ±5 ~ ±10 V 为宜，此电路中其值为 ±6 V。

③电流调节器 ACR 的正负限幅值的作用是限定系统的最小控制角 α_{min}和最大控制角 α_{max}（最小逆变角 β_{min}），其大小与触发电路的形式有关，在本直流调速柜中其值为 ±3 V。

④给 RP6 一个翻转电位，其值一般定为 6 V。

（3）开环通电调试（带电阻性负载）

1）通过跳线开关 ZJ，使调节板处于开环位置（K 端），如图 4—30 所示。接通控制电路、主电路及给定回路后，从零缓慢调节给定电位器，电枢电压应从 0 ~ 300 V 线性可调，调节增大负载到 1/4 额定电流值，用万用表电压挡测量电位器 RP7 中间点，看其性质是否为正极性，然后将电压值调为最大。

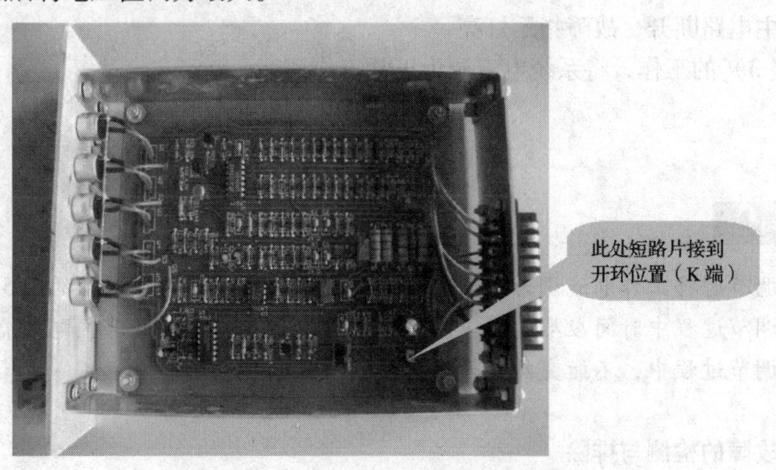

图 4—30 双闭环调节板处于开环位置

2）断开主电路，将电动机励磁、电枢接好，把给定电位器调为最小，接通主电路、给定回路，缓慢调节给定电位器，电动机应从零速逐渐上升，调到一转速，用万用表电压挡测量电位器 RP8 的中间点，看其值是否为负极性，然后将电压值调为最大。

（4）闭环通电调试（带电动机负载）

1）通过跳线开关 ZJ，使调节板处于闭环位置（B 端），如图 4—31 所示。

图 4—31　双闭环调节板处于闭环位置

2）系统得电，缓慢将给定电位器调为最大。由于设计的原因，电动机转速不会达到额定值。这时调节 RP8 减小转速反馈系数，使系统达到电动机额定转速值，ASR 即调好。

3）去掉电动机励磁，使电动机堵转（有励磁时电动机转矩很大，不容易堵住，去掉励磁只有剩磁，转矩就很小了，工程上可以用），缓慢调节 RP7 使电枢电流为电动机额定电流的 1.5 ~ 2 倍，ACR 即调好。

4）过电流的调整。电动机堵转时，将 RP5 调为反馈最弱，调节电位器 RP7 使电枢电流为电动机额定电流的 2 ~ 2.5 倍，调节 RP5 使系统保护。这时看到的现象是电枢电压变为 0 V，延时，主电路断开，故障指示灯亮。

最后重复 3）的工作，将系统电流调为正常工作值。

- 一般调节时将工作电流调为电动机额定电流，过电流值为额定值的 1.5 倍。
- 电流调节过程中时间应尽量短，以防止电动机过热，不能断开主电路。
- 电流调节过程中，不能突然断开主电路以防止损坏晶闸管。

4. 一般故障的检测与排除

（1）观察故障现象，分析故障原因

1）观察故障现象：双闭环直流调速系统通电后，转速不能达到额定转速。

2）分析故障原因：根据故障现象，对电路进行原理分析，并整理出故障原因的相关信息。

双闭环直流调速系统的常见故障及原因，见表4—8。

表4—8　双闭环直流调速系统常见故障及原因

序号	故障现象	故障原因分析	
		故障点	故障原因
1	双闭环调速系统调节速度不能达到额定转速	减小调节板TJB的RP1、RP2阻值	限幅电压过低
2	电动机转速不稳定	双闭环调节板转速负反馈环节断路	转速负反馈环节不起作用
3	某相脉冲没有输出	该相对应KC04损坏	由于脉冲丢失，使 U_d 和 U_{vt} 的波形改变
4	相序不正确，电压在小范围内波动	U_{tU}，U_{tV}，U_{tW}的顺序	U_{tU}，U_{tV}，U_{tW}的相序错误
5	KM1触头不闭合	（1）U相电压 （2）KM2主触头 （3）U相熔断器及其处电路 （4）QS2无法闭合及接线断路 （5）KM2的常开触头 （6）KM1线圈或外接线	（1）U相电压为零 （2）KM2主触头没有闭合 （3）U相熔断器及其处电路断开 （4）QS2无法闭合及接线断路 （5）KM2常开触头闭合不上 （6）KM1线圈或外接线断路
6	没有 U_k 输出	LM324损坏	给定积分器、比例放大器均损坏，$U_k=0$ V
7	通电后，保护电路工作	RP5的15 V电源断开	比较电压过低

（2）查找故障点，并修复故障

1）断开电源，抽出双闭环调节板仔细观察，是否有器件损坏变色的痕迹，了解是否有故障发生时产生的声、光、味等异常现象，初步确定故障范围。

2）将双闭环调节板中的可调电位器RP1、RP2的阻值调小，降低ASR的限幅电压。

3）将调节板安放好，重新通电调试运行。

四、评分标准

表 4—9　　考核评分标准表

序号	项目	分值	评分标准	得分
1	认知	10	能指出双闭环系统中各部分器件的位置（10 分）	
2	接线	20	1）主电路接线正确（10 分） 2）控制电路的正确安装与接线（10 分）	
3	调试	40	1）继电控制电路调试顺序正确（10 分） 2）能够按要求进行各控制板的调试（10 分） 3）能够正确调试带阻性负载的开环调速系统并使系统运行正常（10 分） 4）能够正确调试双闭环系统（10 分）	
4	故障检测和处理	20	能够正确分析双闭环调速系统中随机设置的两处故障原因并排除故障（每处故障 10 分）	
5	安全文明生产	10	1）劳动保护用品穿戴整齐（5 分） 2）保持环境整洁，秩序井然，遵守操作规程（5 分） 3）安全用电，无人为损坏元器件和设备（如发现学生有重大事故隐患时，要立即予以制止，并根据情况扣 10～40 分）	
指导教师评价			合计	

本章小结

为了实现电动机理想的启动过程，提高动态过程的快速性，系统引入电流负反馈，增加了电流调节器，构成了转速－电流双闭环直流调速系统。本章主要介绍了双闭环直流调速系统的组成、启动过程分析和系统的调节过程分析及电动机的堵转特性等。主要内容如下：

1．转速－电流双闭环调速系统的组成：电流调节器 ACR 和电流－检测反馈环节（电流互感器）构成电流环；速度调节器 ASR 和转速－检测反馈环节（测速发电机）构成速度环。电流环是内环，转速环是外环。

2．在转速－电流双闭环调速系统的启动过程中，起主要调节作用的是电流调节器 ACR，分为三个阶段：

（1）电流上升的阶段，ASR 很快进入饱和状态，而 ACR 不饱和。

（2）恒流升速阶段，是启动过程中的主要阶段，为了使电流保持为最大恒值启动，ACR 起主要调节作用。

（3）转速调节阶段，ASR 和 ACR 都不饱和，ASR 起主导的转速调节作用。

双闭环调速系统的特点是：1）饱和非线性控制：不同情况下表现为不同结构的线性系统；2）时间最优控制；3）转速产生超调。

3．在负载变化时系统的自动调节过程中，转速环的主要作用是：保持转速稳定，消除转速偏差；电流环的主要作用是：稳定电流（限制最大电流、抑制电网电压的波动）。系统

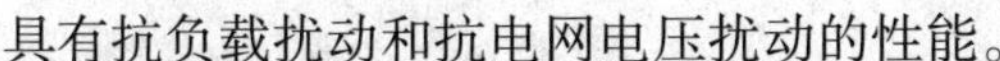

具有抗负载扰动和抗电网电压扰动的性能。

4. 当电动机发生严重过载或机械部件被卡住，发生堵转时，转速负反馈饱和，输出维持在最大值。此时电流负反馈起主要调节作用，实现过电流保护，系统具有“挖土机”特性。

5. 双闭环调速系统中转速调节器的作用如下：

（1）转速调节器是调速系统的主导调节器，它使转速 n 很快地跟随给定电压变化，稳态时可减小转速误差。如果采用 PI 调节器，则可实现无静差。

（2）对负载变化起抗扰作用。

（3）其输出限幅值决定电动机允许的最大电流。

6. 双闭环调速系统中电流调节器的作用如下：

（1）电动机启动时保证获得大而稳定的启动电流，缩短启动时间，从而加快动态过程。

（2）作为内环的调节器，在外环转速的调节过程中，使电流紧紧跟随其给定电压（即外环调节器的输出量）变化。

（3）当电动机过载或堵转时，限制电枢电流的最大值，起到电流安全保护的作用（作用等同于电流截止负反馈）。

（4）对电网电压波动起快速抑制作用。

7. 双闭环调速系统的优点是：

（1）具有良好的静特性（接近理想的“挖土机”特性）。

（2）具有较好的动态特性，启动时间短（动态响应快），超调量也较小。

（3）系统抗扰动能力强，电流环能较好地克服电网电压波动的影响，而速度环能抑制被它包围的各个环节扰动的影响，并最后消除转速偏差。

（4）由两个调节器分别调节电流和转速。这样，可以分别进行设计，分别调整（先调好电流环，再调速度环），调整方便。

附录

附录1 小容量晶闸管－电动机单闭环有静差调速系统实例

利用直流发电机—电动机组成的龙门刨床工作台传动电路是一种闭环调速系统。它的放大器是交磁电动机放大机，在交磁电动机放大机控制绕组中综合了给定电压与电压负反馈、电流正反馈、电流截止负反馈及稳定环节等各类信号。在晶闸管组成的调速系统中，放大器由晶体管或集成运算放大器元件组成。运算放大器本质上也是晶体管放大器。当各种信号电压都集中在一级放大器的输入端进行综合时，就称为单闭环调速系统。

小功率晶闸管—电动机单闭环有静差调速系统的电路如附图 1—1 所示，它的调速范围 $D=20$，静差率 $s=10\%$。其工作原理可分析如下：

（1）主回路采用单相半控桥式全波整流电路。在主回路中加入平波电抗器 L，减少整流器输出电流的脉动，并尽可能使电流连续，这时电路呈感性。为了保证晶闸管可靠换相而不失控，故接入续流二极管 V2。同时为了保护晶闸管免遭过电压的损害而加入 RC 吸收装置，即 R1C1 ~ R4C4。过电压的来源大致有三个方面：

1）电源接通或断开时，在整流器交流侧会造成很高的过电压。

2）在断开电动机回路时，由于是感性负载，自感电势能形成过电压。

3）晶闸管换相时也能产生过电压。

（2）给定电压和转速负反馈回路如附图 1—2 所示。

由变压器输出的交流 110 V 电源经全波整流和滤波后的直流电压作为给定电源。RP4 为调速电位器，RP3 为高速上限调整用电位器，RP5 为低速下限调整用电位器。调节 RP4 可以得到不同的给定电压 U_g。TG 为测速发电机，其输出电压与转速成正比。通过转速负反馈提高系统的机械特性硬度，以满足 $D=20$ 的技术要求。在用接触器反向的不可逆晶闸管—电动机调速系统中，测速发电机的反馈电压不能因电动机反转而改变极性。故测速发电机的电压经桥式整流后成为极性不变的信号电压。电位器 RP6 可调整反馈深度。给定电压 U_g 和测速反馈电压 U_n 反极性串联后由 117 和 157 输出到放大器。

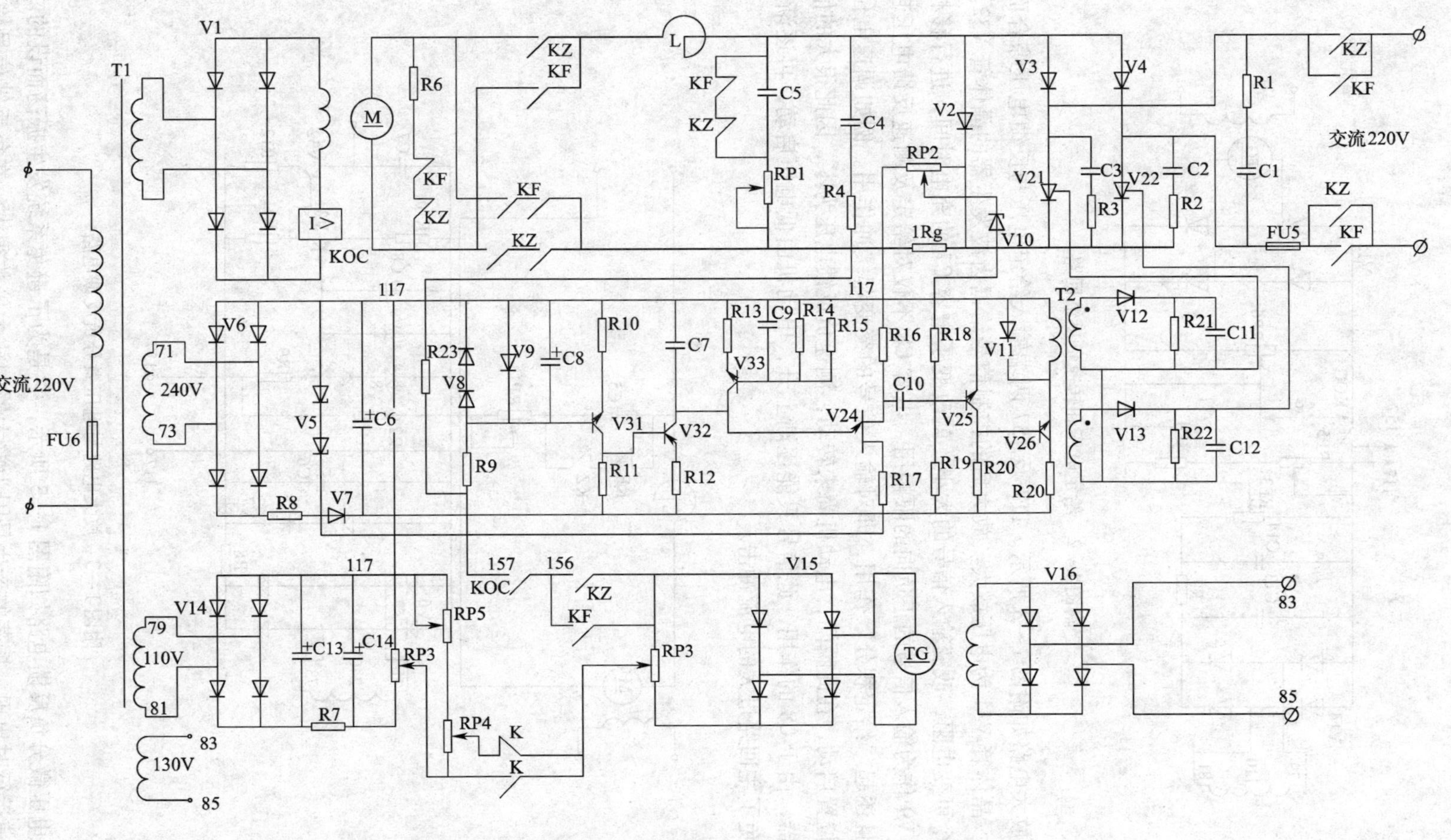

附图 1—1　小功率晶闸管—电动机单闭环有静差调速系统

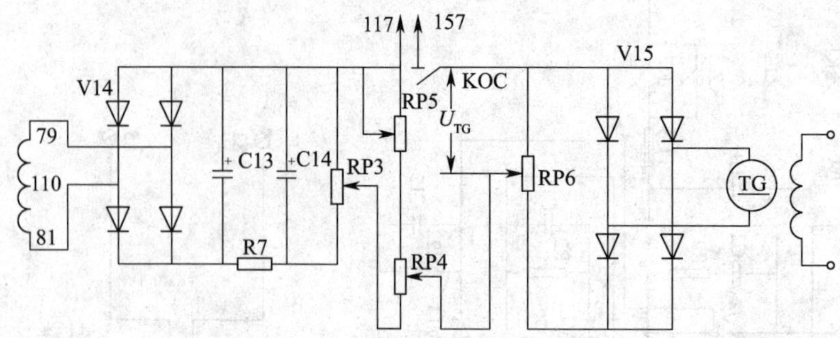

附图 1—2　给定电压和转速负反馈回路

（3）放大电路如附图 1—3 所示。117 及 157 两端输入给定电压与反馈电压综合而成的差值信号。晶体管 V31 为电压放大。放大后的控制信号给锯齿波发生器的晶体管 V32。V32 相当于一个可变电阻，改变输入信号的大小，就改变了电容 C7 的充电时间，进行移相。二极管 V8、V9 作为输入信号的正负向的限幅用。电容 C8 不仅对给定及测速反馈电压起滤波作用，而且还起“给定积分”作用，即对输入信号的突变起缓冲作用。例如调速电位器处在较高速位置启动，在此瞬间，电动机尚未转动，测速负反馈电压为零，因此很大的信号输入到放大器，由于 C8 的作用，此信号只能逐渐上升，电动机由低电压启动，再逐渐升速。这样就避免了主回路过大的电流冲击。

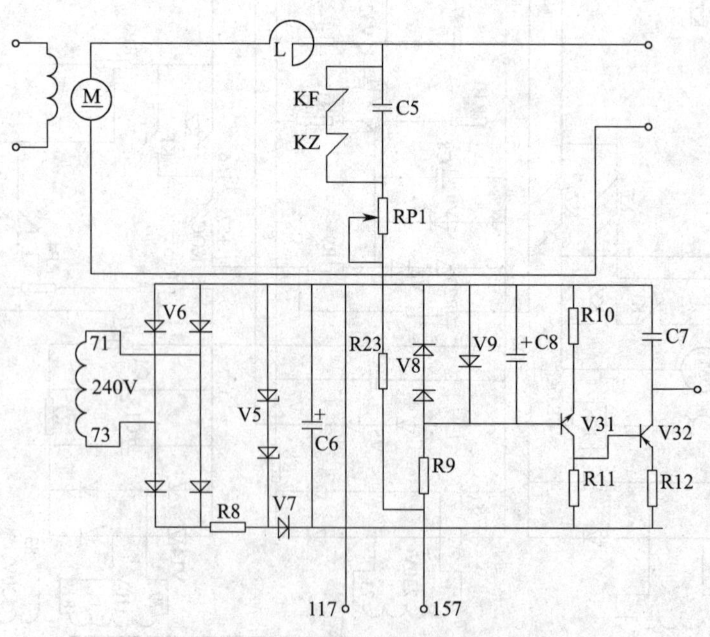

附图 1—3　放大电路与电压微分负反馈电路

（4）电压微分负反馈电路如附图 1—3 所示，它是为了避免系统发生振荡而设的。振荡最易在低速运行时出现。振荡的产生是因为放大器的放大倍数很大，在负反馈信号输入时，因为电路及电动机存在电磁和机械惯性，很可能产生相移而成为正反馈，从而产生振荡。其过程和龙门刨床的直流调速系统产生振荡是一样的。在这个电路中是采用了电压微分负反馈电路来消除振荡。

“微分”是变化率的意思。电压的变化率就是电压微分，也就是指电压变化的快慢。电压微分大，就是电压变化得快，电压不变，电压微分就为零；电压由小往大变，电压微分为正；电压由大往小变，电压微分为负。

电压微分负反馈，就是采用电压变化率作为负反馈信号。这种电路有可能消除系统的振荡。因为主回路电压近似地反映了电动机的转速。因此，电压微分也就近似地反映了转速变化的快慢。反馈信号由 C5 和 RP1 取出。由于引进了电容 C5，就起到微分反馈的作用。电动机端电压在稳定速度运行时是不变的，由于 C 的隔直流作用，而不会有反馈信号加到 V31。只有当电动机的端电压变化时，电压微分负反馈信号才能通过电容 C5 加到 V31 上。这样，当电动机转速忽高忽低变化时，电压微分负反馈就输出一个反映转速变化的电压，输入到放大器，形成控制作用，减小电动机转速的变化。

电压微分负反馈在由电动机放大机控制的直流发电机—电动机机组的调速系统中（如龙门刨床），对消除振荡起稳定作用的效果是明显的。但在晶闸管—电动机调速系统中，采用整流后的电压微分负反馈对消除振荡，尤其是低速时的振荡效果是比较差的。因为整流器输出电压中的交流成分很大，通过阻容微分网络反馈到直流放大器的输入端，会使放大器的放大倍数大大降低。这就往往需要经过较强的滤波环节，而滤波环节又会削弱微分网络的作用。因而在低速发生振荡而调节 RP1（C5）无效时，可在放大器的输入端加接一个较大的电容，这样便可以有效地防止低速时的振荡。

（5）电流截止环节如附图 1—4 所示。它是为防止电动机在高速启动、正反转切换等情况下电流过大而设的。电流截止环节由 R_g、RP2、V10、V33 等元件组成。主回路的电流值在允许范围之下时，在 R_g 上产生的压降不足以使稳压管 V10 击穿，V33 截止，该环节不起作用。而当主回路的电流超过规定值时，则 V10 被击穿，信号电压使 V33 趋于导通，电容 C7 的充电受 V33 的分流作用而变慢，触发脉冲后移，整流器输出电压降低，主回路电流降到规定值之内。调节电位器 RP2，可以改变主回路电流的限制数值。C9 为截止环节信号电压的滤波电容。R14 可以保证 V33 在 V10 被击穿以前可靠的截止。

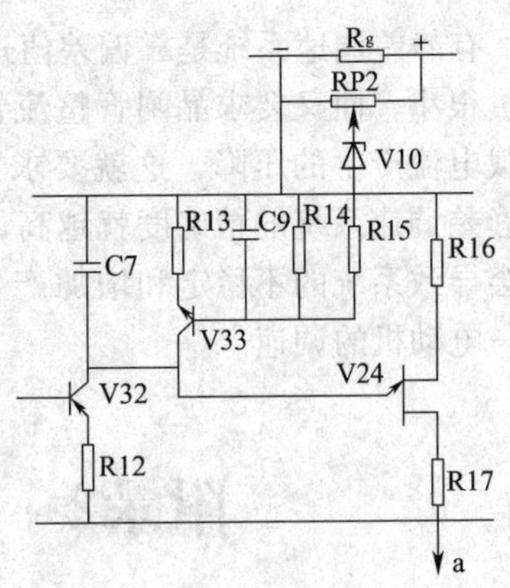

附图 1—4 电流截止环节

（6）触发脉冲电路如附图 1—5 所示。触发电路由同步信号、移相环节和脉冲形成三部分组成。脉冲形成部分可以根据电路工作的需要而在脉冲形成之后，加上放大、整形和输出装置。此电路的同步信号是由变压器 T1 的二次侧 240 V 交流电压经整流后，由稳压管 V5 形成梯形波，它也是单结晶体管 V24 的电源（如附图 1—1 所示）。因为和主回路是同一个变压器的输出，故两者同步。

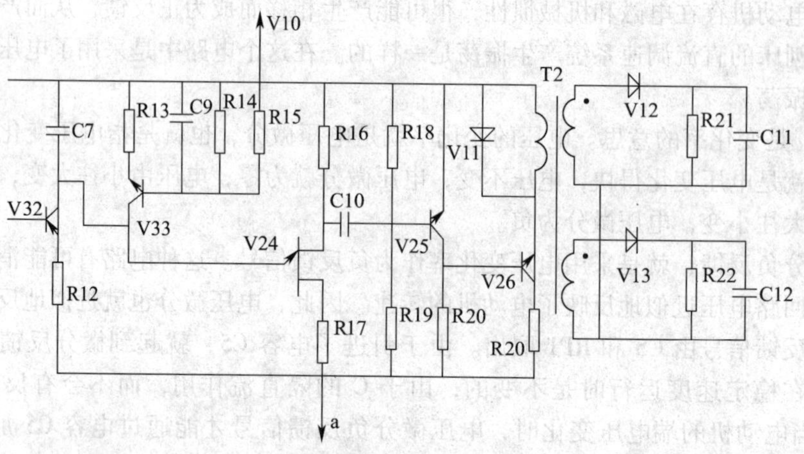

附图 1—5　触发脉冲电路

这种调速系统通常称为有静差调速系统，也就是说，无论反馈多强，放大器的放大倍数再大，总是有转速降落 Δn 的。因为当电动机没有加负载时的空载转速为 n_0，这时给定电压为 U_g，测速反馈电压为 U_{TG}，两者的差值 ΔU 加到放大器的输入端。其输出送到触发电路，这时晶闸管整流电路输出电压 U_1 供电给电动机，产生空载转速 n_0。

当增加负载后，电动机转速下降，反馈电压 U_{TG} 也下降到 U'_{TG}，但这时给定电压 U_g 并没有改变，于是偏差信号电压 $\Delta U' = U_g - U'_{TG}$ 增加，使放大器输出电压增加，它最终使晶闸管整流器的控制角 α 减小，整流电压 U_d 上升为 U'_d，电动机转速回升。但转速绝不可能回升到 n_0。

有静差调速系统是靠偏差值进行工作的。偏差越小，自动调速的精确度越高。要使偏差量很小，而又要求晶闸管整流器的输出电压还能产生一个足够大的增量来补偿主回路负载电流产生的压降，这就要求系统有足够大的放大倍数。系统的放大倍数越大，这种有静差调速系统的精确度就越高，静差率就越小，调整范围就越大。但过大的放大倍数，又会导致系统的不稳定和增加产生振荡的可能性。这个调速系统只适用于小容量的晶闸管—电动机的调速。

附录2　全数字式直流调速器

本书主要介绍了开环、单闭环、双闭环直流调速系统，其触发电路、调节器等控制部分均采用运算放大器、晶体管和阻容等器件构成，系统中传输的信号为模拟量信号，属模拟式调速系统。随着单片机应用技术的飞速发展，传统的模拟式调速系统正逐步被由单片机控制的数字式直流调速系统所替代。

模拟式直流调速系统的各物理量概念清晰、控制信号流向直观，便于学习入门，但其线路复杂、通用性差，系统性能受到器件性能、温度等因素的影响。而以单片机为核心的数字式直流调速系统的硬件电路制作成本低，标准化程度高，且不受器件温度漂移的影响；其控制软件能够进行逻辑判断和复杂运算，可以实现更理想的调速性能，并且更改起来更加灵活方便。总之，数字式直流调速系统的稳定性好，可靠性高，精度高，调试方便，具有故障自诊断功能，可以与计算机之间进行信息交互、数据通信等。

数字式直流调速系统一般由全数字式直流调速器构成，其品牌很多，如附图 2—1 所示的德国西门子 6RA28/70 系列、英国欧陆 590 系列、美国 ETD790 系列、台湾 V65D 系列等。

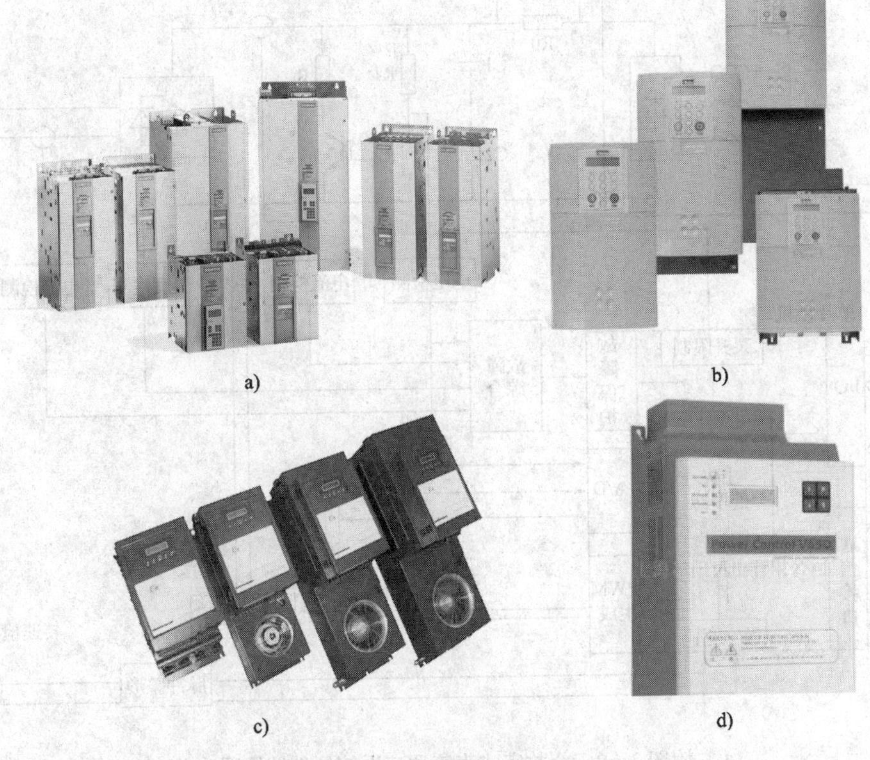

附图 2—1　全数字直流调速器

a）西门子 6RA70 系列全数字直流调速器　b）欧陆 590 系列全数字直流调速器

c）美国 ETD790 系列全数字直流调速器　d）台湾 V65D 全数字直流调速器

一、数字式直流调速器的基本结构及工作原理

全数字调速系统就是采用微型计算机技术，应用计算机的软件程序构成调速系统的全数字式控制系统，实现数字式给定、数字式比较、数字式调节器、数字式触发器以及逻辑控制等各种控制功能。

与传统的模拟式调速系统不同，全数字调速系统的控制系统采用微处理器及计算机的应用软件程序构成，一般可在不变更硬件的情况下，在应用软件程序中适当修改程序（参数）即可实现各种调节和控制功能，因而具有极大的灵活性。因此全数字调速系统使设备的通用性强，易于实现设备标准化。可用系统应用软件程序实现系统的优化、状态监控、自诊断、故障报警等各种功能，调试及维护方便，性能好，可靠性高，故障率低。系统具有强大的通信功能，可与上一级计算机等进行通信联网，以方便实现生产过程的自动化。

数字式直流调速器如采用转速、电流双闭环直流调速系统，则具有以下特点：双闭环系统结构采用微机控制；全数字电路实现脉冲触发、转速给定和检测；采用数字 PI 算法，由软件实现转速、电流调节。

数字式直流调速系统硬件结构如附图 2—2 所示，系统由主电路、检测电路、控制电路、给定电路、显示电路等部分组成。

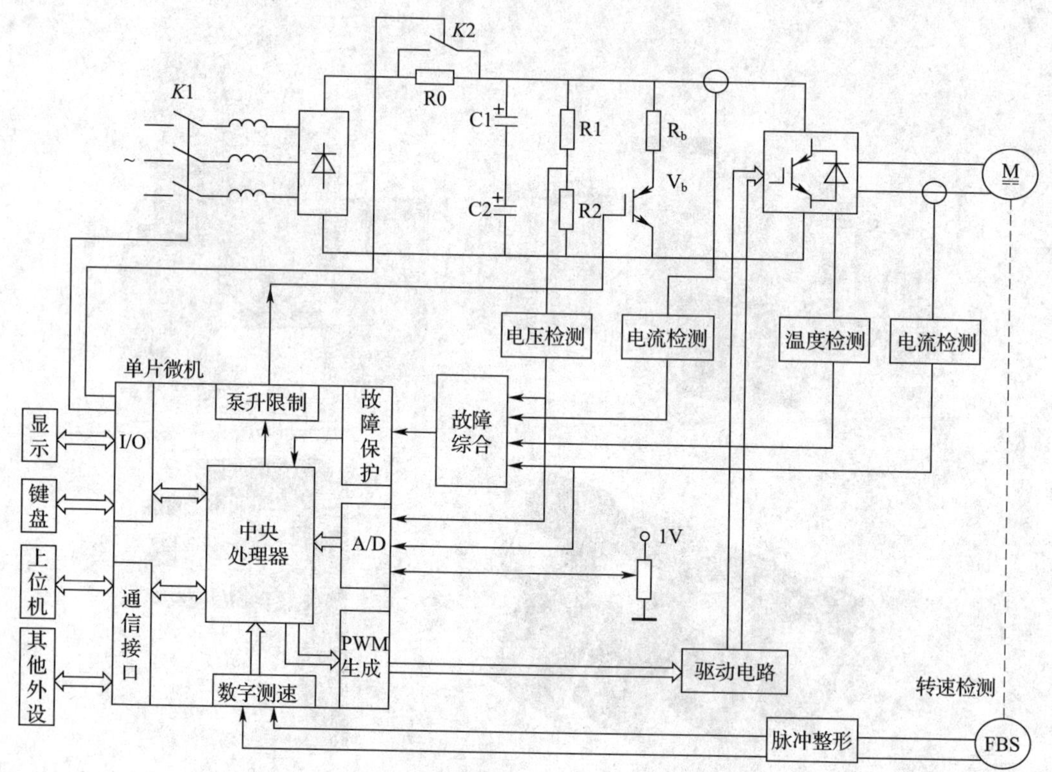

附图 2—2　全数字式直流调速系统硬件结构图

全数字式直流调速系统的控制系统规律是靠软件来实现的，所有的硬件也必须由软件实施管理。PI 调节器是调速系统中最常用的一种控制器，其中 PI 调节器的参数直接影响着系统的性能指标。可以采用多种 PI 算法，提高系统的控制性能。

二、西门子 6RA70 系列数字直流调速器

下面以西门子 6RA70 系列数字直流调速器为例，介绍数字直流调速器的使用。6RA70 SIMOREG DC Master 系列整流器为全数字紧凑型整流器，是在西门子 SIMOREG 6RA23/24 系列全数字直流调速产品的基础上发展而来，其应用非常广泛，在轧钢机、压力机、印刷机、起重机、龙门刨床等设备中都有所应用。

1. 6RA70 直流调速器的基本介绍

6RA70 系列全数字直流调速装置为三相交流电源直接供电的全数字控制装置，用于可调速直流电动机电枢和励磁供电。单台装置输出额定电枢电流为 15 ~2 200 A，并可通过并联 SIMOREG 整流装置进行扩展，输出额定电枢电流可达 12 000 A。励磁电路可以提供最大

85A 的电流（此电流取决于电枢额定电流）。根据不同的应用场合，可选择单象限或四象限的调速装置。如附图 2—3 所示为西门子 6RA70 的实物图。

附图 2—3 1P6RA7013 - 6DV62 - 0 实物图

2. 数字式直流调速器的硬件组成

西门子 6RA70 系列全数字直流调速器各部分功能简述如下：

（1）晶闸管整流器功率部分

6RA70 系列直流调速装置的功率部分由电枢主电路和励磁主电路组成。对于电枢主电路晶闸管整流器而言，单象限工作装置的电枢回路晶闸管整流器为一组三相桥式全控整流电路；四象限工作装置的电枢回路晶闸管整流器为两组三相桥式全控整流电路组成的无环流反并联可逆电路。励磁回路晶闸管整流器采用单相半控桥整流电路。

（2）控制系统

6RA70 系列全数字直流调速装置采用两台高效能的微处理器及其附加电路组成数字控制系统，用以完成系统的自动调节控制、逻辑操作、故障诊断、运行状态和故障显示等各种功能，并且这些功能可在软件中通过参数构成的程序块实现。从直流调速系统控制原理来说，它最基本的结构是以电流环为内环，转速环为外环的转速电流双闭环调速系统。

1）转速给定值的提供

①模拟量给定：0 ~ ±10 V 电压给定，或者 0 ~ ±20 mA（4 ~20 mA）电流给定。

②通过内装的电动电位计给定。

③通过具有固定给定值，点动，爬行功能的开关量连接器给定。

④通过装置的串行接口给定。

⑤通过附加板给定。

2）转速实际值的检测

①模拟测速机方式。通过测速发电机将转速转换为电压信号，测速发电机对应最大转速的输出电压允许在 8 ~270 V 范围内。

②脉冲编码器方式。通过脉冲编码器，测速后转化为脉冲信号，每转的脉冲数及最大转速由参数设定，脉冲信号处理电路能处理最大 27 V 的差动电压。经参数设置可以选择脉冲编码器的额定电压值（5 V 或 15 V）。当额定电压为 15 V 时，脉冲编码器可由 SIMOREG 装置供电。5 V 脉冲编码器需外部供电。测速脉冲的最高频率为 300 kHz，建议使用每转脉冲数为 1024 的脉冲编码器。

③反电势控制方式。反电势控制不需要测速装置，只需测量 SIMOREG 的输出电压，测出的电枢电压经电动机内阻压降补偿处理（IR - 补偿）。补偿量的大小在电流调节器优化过程中自动确定，这种调节方式的精度与电枢回路中电阻的温度系数有关。建议为了达到更高的精度，在电动机处于热状态时，要重复进行电流调节器优化过程。当对精度要求不高且不能安装测速装置及电动机仅工作在基速以下时，可采用反电势控制方式。注意：在这种工作

方式时，不能实现弱磁控制。

3）斜坡函数发生器。斜坡函数发生器的基本功能相当于给定积分器，使阶跃变化的给定值输入变为一个随时间连续变化的给定值，加速时间和减速时间等均可通过参数分别设定。

4）转速调节器。转速调节器是带有可选择的 D 部分的 PI 调节器。调节器的参数可通过参数分别设定。

5）转矩限幅器与电流限幅器。可以通过参数分别设定正、负转矩极限值，正、负电流极限值。

6）电流调节器及预控制器。电流调节器是具有相互独立设定的 P 放大值和积分时间的 PI 调节器。

3. 6RA70 系列直流调速装置的端子功能与接线

6RA70 系列直流调速器的接线端子如附图 2—4 所示。

a) b) c)

附图 2—4　6RA70 直流调速器的接线端子

a）6RA70 直流调速器打开面板　b）主电路接线端子　c）控制电路接线端子

（1）电枢回路端子功能与接线

电枢回路交流电源输入端：1U1，1V1，1W1。

电枢回路直流输出端：1C1，1D1，接直流电动机电枢回路。

（2）励磁回路端子功能与接线

励磁回路交流电源输入端：3U1，3W1。

励磁回路直流输出端：3C、3D，接直流电动机励磁回路。

（3）冷却风机回路端子功能与接线（对于强迫风冷整流器）

进线电压400 V：采用4U1，4V1，4W1，3AC 400 V。

进线电压230 V：采用4U1，4N1，1AC 230 V。

（4）电子板电源端子功能与接线

进线电压400 V：采用5U1，5W1两端子，2AC 380 V 。

进线电压230 V：采用5U1和5W1两端子连接对5N1，1AC 230 V。

（5）控制回路接线与端子功能

1）给定值输入、模拟量输入、基准电压端子功能。1端为参考地M；2端为P10（+10 V）；3端N10（-10 V）；4-5端为主给定值；6-7端，8-9端，10-11端分别为可设置模拟量输入1、2、3输入端。

2）模拟测速机输入端。103~104端分别为模拟测速机输入端。

3）脉冲编码器输入端。26端为直流电源（+13.7 V~+15.2 V）；27端为脉冲编码器地M；28-29端，30-31端，32-32端分别为通道1、通道2、零标志输入端。

4）模拟量输出端。电流实际值模拟量输出端：12-13端。

可设置的模拟量输出端：14-15端、16-17端、18-19端，20-21端分别为模拟量1、2、3、4通道输出端。

5）开关量输入端。34端（44端、210端）为直流DC 24 V电源，35端（45端、215端、216端、217端）为数字地M。

37端为电源的合闸/分闸控制端，高电平信号时合闸，低电平信号时分闸。

38端为运行使能控制端，高电平信号时，调节器使能，低电平信号时调节器禁止。

可设置开关量输入端：36、39、40、41、42、43端分别为可设置开关量输入端1、2、3、4、5、6的输入端。

6）开关量输出端。可设置开关量输出端：46端与47端，48端与54端，50端与51端，52端与53端分别为可设置开关量输出端1、2、3、4的输出端。

开关量输出端：109端与110端为控制主回路进线接触器用继电器的常开触点。

7）安全停车（E-Stop）控制端。106端、105端、107端、108端是安全停车控制端。

8）温度传感器输入端。22端与23端，204端与205端为电动机温度传感器输入端。

4. 6RA70直流调速器的使用

6RA70直流调速器正面视图和操作面板简图如附图2—5、附图2—6所示。

直流调速器操作面板包括液晶显示屏和键盘，各功能键及显示的作用如下：

1）P键（切换键）。用于参数编号和参数值显示之间的转换。在变址参数时，完成参数号（参数方式）、参数值（数值方式）和变址号（变址方式）之间的转换。还用于应答现有故障信息，P键和上升键将故障和报警信息切换到背景，P键和下降键将故障和报警信息从背景切换到PMU的前景显示板上。

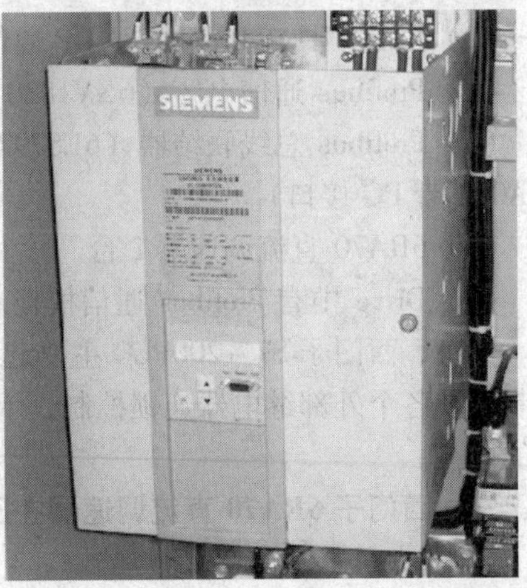

附图2—5 6RA70直流调速器正面视图

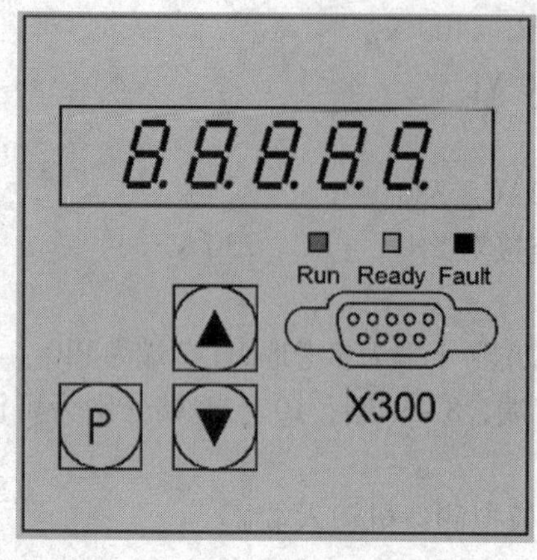

附图 2—6　6RA70 直流调速器操作面板简图

2）上升键（▲）。在参数方式时，选择一个更高的参数号，当已显示最高的参数号时，再次按下此键，将返回到参数区域的另一端（即最大编号与最小编号相邻）。在数值方式上，增加所设置参数的数值。在变址方式上，增加变址值（只对变址参数）。如果同时按下上升键与下降键，可加速一个调整过程。

3）下降键（▼）。在参数方式时，选择一个较低的参数号，当已显示最低的参数号时，再次按下此键，将返回到参数区域的另一端（即最小编号与最大编号相邻）。在数值方式时，减小所设置参数的数值。在变址方式时，减小变址值（只对变址参数）。

4）发光二极管 LED 的功能：

准备（READY、黄色）。准备运行。

运行（RUN、绿色）。在“允许运行”状态亮。

故障（Fault、红色）。在“出现故障信号”状态亮，在“报警信号”闪亮。

5．6RA70 与 PLC 的通信

西门子 6RA70 直流调速器通过 Profibus－DP 与西门子 S7－200PLC 通信的实现必须具备以下条件：

（1）软件 Step7 V5.3SP2。

（2）PLC 中具有 Profibus －DP 通信口：S7－315 2DP（6ES7315－2AF03－0AB0）。

（3）Profibus 通信电缆（6XV1830－0AH10）。

（4）Profibus 总线联结器（6ES7972－0BB10－0XA0，带 PG 接口；6ES7972－ 0BA10－0XA0 不带 PG 接口）。

（5）6RA70 直流调速器 1 台。

（6）Drive 中有 Profibus 通信模板 CBP2（6SE7090－0XX84－0FF5）。

其中，西门子 S7－200PLC 主要起逻辑控制作用，负责 6RA70 的 ON、ENABLE 信号的控制以及各个外部继电器连锁控制，承担对电动机的启动和停车、运行功能的控制和运行状态的监视。

三、西门子 6RA70 直流调速器在压力机中的应用及故障排除举例

1．压力机基本介绍

压力机电气控制系统由三相 380 V、50 Hz 电源供电，控制系统的核心是西门子 S7－300

可编程控制器，应用 I/O PROFIBUS 通信技术。电控柜、油箱、底座、操纵站、横梁及滑块均设有 PROFIBUS 站。

为了便于机床操作和维修，在操作面板上除配备了必要的指示灯外，还设置了触摸屏，用于指示压力机主要控制回路的工作状况及参数设置，如控制压力、装模高度、气垫行程等参数。

压力机采用了一系列机电一体化技术，主电动机一般采用直流电动机，驱动装置选用西门子全数字直流调速 6RA70 系列。行程控制和其他辅助动作的控制则应用了电子凸轮开关，具备润滑次数检测功能，可以在触摸屏上显示关键润滑点的供油次数；应用数字测控技术，具有装模高度和气垫行程自动调整功能。压力机的主要组成部分包括底座、工作台、立柱、滑块、横梁。整体结构如附图 2—7 所示。

附图 2—7　压力机的整体结构图

2. 压力机主电动机

压力机的主电动机可满足微调、行程（连续、单次、寸动）不同的需要。

在微调状态下，主电动机微速运行，并可正反向运转，滑块行程次数 3 ~ 4 次/min；而在行程状态下，主电动机只可作正向高速运行，在连续状态时，对应滑块行程次数在 7 ~ 18 次/min 内连续可调，其给定值可用触摸屏进行设定。

当主电动机运行条件被满足以后，按下“主电机开动”按钮，“主电机开动”指示灯亮，主电动机运行。若因故障不能正常启动主电动机时，可选择触摸屏“操作提示”查找故障原因。

主电动机如附图 2—8 所示，对于直流电动机，在最初送电时，需要注意三个问题：

附图 2—8　压力机中的主电动机

①测速反馈接入是否正确。当条件满足主电动机开动后（最好是在微调状态下），其不能正常运行，而且调速装置出现故障码“F042”，则测速反馈的极性设置不正确。

②主电动机风机运转方向是否正确。主电动机风机运转方向是否正确特别重要，如方向不正确，电动机线圈热量无法散发，将烧毁主电动机。判断风机运行方向是否正确方法为：风机叶片转向必须同风机上箭头的方向一致。

③主电动机正向运行方向是否满足压力机要求。主电动机正向开动后，再停止主电动机，此时观察主电动机运行方向是否是压力机要求的正方向。

3. 压力机中直流调速器的故障排除举例

故障现象：直流调速器每次停止时，显示屏上出现 F005 故障。

故障排除：

（1）应先了解 F005 故障并分析故障原因。查看使用说明书，说明书中关于 F005 的故障介绍如下：

F005	励磁回路故障 （在运行状态≤○5 有效） 由每一个电源半波面积计算的电源电压有效值（直流平均值×峰值系数），必须大于相电压故障监控的响应值 $P078.002\times\frac{P353}{100\%}$ 电源同一相两个相同过零点之间的距离一定不能超过 450 度。 励磁电流实际值 K0265 <50% 所要求的励磁电流给定值 K0268 的时间大于 500 ms。这个监控功能只在励磁电流的给定值 >2% 的整流器额定励磁电流才有效。 ［自版本 1.9 起，这百分值（50%）和时间（500 ms）可用 P396 和 P397 分别更改］ 如果在运行中（或≤○4）存在所描述的故障条件中的一个，其时间长于在参数 P086 设置的“再启动”时间，则输出故障信息。 合闸后，整流器在运行状态○5 等待励磁电源电压或足够的励磁电流，在不超过在参数 P089 中设置的时间周期时不出现故障信息。 从 1.7 版本开始，在励磁反向开始后，可以监控励磁减小或建立的超时（故障值 6 和 7）。 可能的故障原因： • 相电压故障阈值（P353）设置不正确 • 欠电压/过电压阈值（P351，P352）设置不正确 • 励磁相电压故障 • 运行中进线接触器断开 • 在励磁回路的熔断器已断 • 励磁电流调节器和/或励磁电流预控制没有优化或性能较差（检查 P112，P253 至 P256；如有必要执行电流调节器优化运行） • 检查 P396（励磁电流监控阈值）和 P397（励磁电流监控时间） • 如果故障值是 6：在励磁电流实际值检测中的偏置故障，相关参数：P825. i01 - i03（取决于 P076. i02 的偏置）或 P394，P395（信息 $I_{field}<I_{field\ min}$ 的阈值和滞环）必须检查 • 如果故障值 7：新励磁方向回路被中断（如由于新励磁方向接触器尚未闭合），P398，P399（信号 $I_{field}<I_{field\ x}$ 的阈值和滞环）必须检查。 故障值： 1　励磁电源故障（端子 3U1 和 3W1）（当 P086 =0 时） 2　在运行状态○5.1，已超过在参数 P089 中设置的延时时间。在励磁功率部分的电压等待直至处于允许偏差

续表

F005	范围内（P351，P352，P353） 3　在运行状态○5.0，已超过在参数 P089 中设置的延时时间 ［等待时间，直到 $l_{field\ act}$（K0265）>50% 励磁电流给定值 K0268］ ［在版本 1.9，阈值可在 P396 中设定］ 4　在运行状态≤○4 时，在 P086 >0 设置的自动再启动延时已到： 励磁电源故障或 $I_{field\ act}$（K0265）<50% $I_{field\ set}$（K0268）大于 500 ms ［在版本 1.9，通过 P396 和 P397 设定］ 5　当在运行状态≤○4 时，P086 =0（无自动再启动）： $I_{field\ act}$（K0265）<50% $I_{field\ set}$（K0268）大于 500 ms ［在版本 1.9，通过 P396 和 P397 设定］ 6　在励磁反向前，如果励磁减小，在 30 秒内尚不能 $I_{field} \leqslant I_{field\ min}$（P394） 7　在励磁反向后，在励磁建立时间，在 30 秒内尚不能 $I_{field} > I_{field\ x}$（P398）

（2）F005 故障分析

前面是对 F005 故障的理论分析，主要是由于励磁出现故障。通过多次主电动机启动停止及实际现象观察，结合调速装置电气原理图（附图 2—9）和启停信号、使能信号曲线图（附图 2—10），对其具体故障原因进一步分析如下：

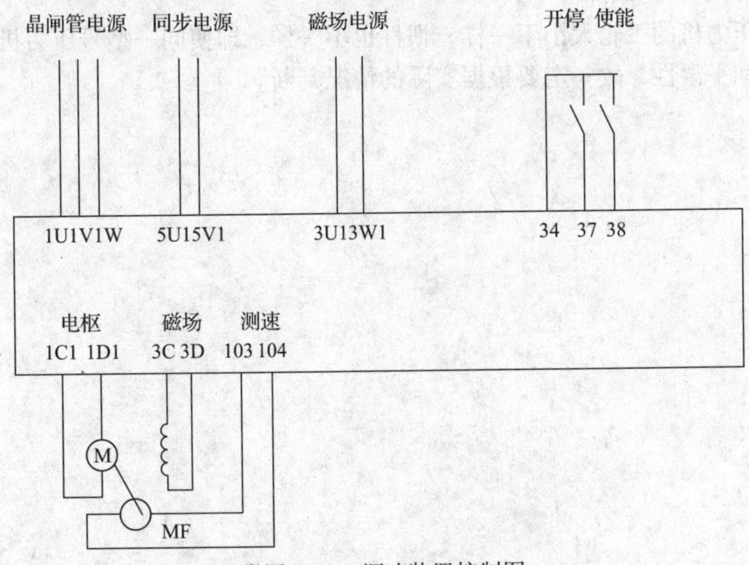

附图 2—9　调速装置控制图

主电动机启动及运转时，“开停”信号和“使能”信号一起给定，装置一切正常，表明装置处于“整流阶段时”，励磁电源及装置供电和同步电源正常；而每次停止时，飞轮刹车阀断电，刹车片抱闸时，出现 F005 故障。通过设计的程序分析，飞轮刹车阀通断和励磁通断是同时的。这就说明按停止后，“开停”信号停止，“使能”信号还给定，装置处于“逆变阶段时”，飞轮正在转速下降，但没有到达最低速时刹车抱闸、励磁断电。逆变过程没有完成，装置还在运行状态，励磁断电，故出现 F005 故障。

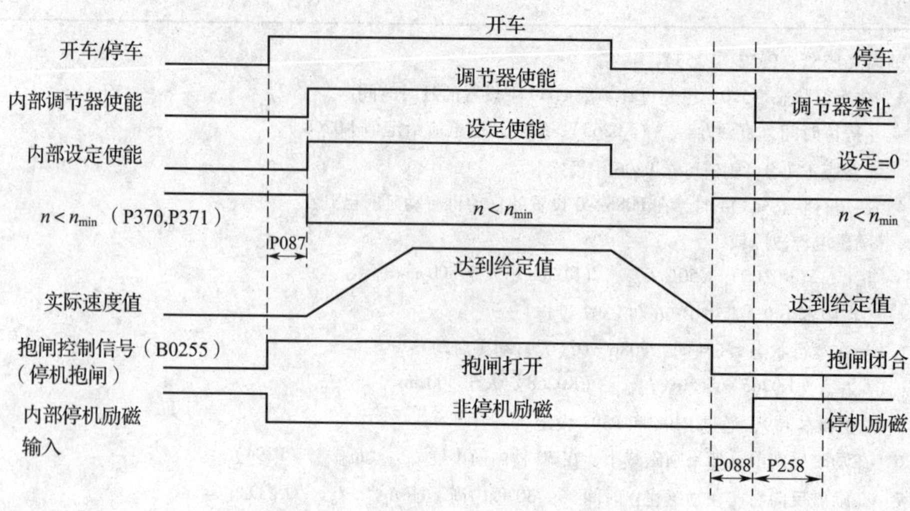

附图 2—10　启停、使能信号曲线图

（3）故障排除

通过现场调试修改程序，按主电动机停止后，根据飞轮的降速时间，降到低速时，飞轮刹车阀断电，刹车片抱闸。等到速度降到最低或零速时，励磁再断电。修改完后，通过多次测试，装置没有报 F005 故障。

由于各种压力机的飞轮大小不一样，惯性也不一样，即使同一型号压力机，飞轮也存在不同的摩擦性和平滑性，故一定要根据实际的情况判断。